蕈菌

功效解析与开发利用

杨槐俊　郭素萍　赵金芬　编著

中国农业科学技术出版社

图书在版编目（CIP）数据

蕈菌功效解析与开发利用 / 杨槐俊，郭素萍，赵金芬编著. --北京：中国农业科学技术出版社，2021.10

ISBN 978-7-5116-5506-6

Ⅰ. ①蕈… Ⅱ. ①杨… ②郭… ③赵… Ⅲ. ①食用菌—蔬菜园艺 Ⅳ. ①S646

中国版本图书馆CIP数据核字（2021）第 191751 号

责任编辑 陶　莲
责任校对 马广洋
责任印制 姜义伟　王思文

出 版 者　中国农业科学技术出版社
　　　　　北京市中关村南大街12号　　邮编：100081
电　　话　（010）82109705（编辑室）　（010）82109702（发行部）
　　　　　（010）82109709（读者服务部）
传　　真　（010）82106625
网　　址　http：// www.castp.cn
经 销 者　各地新华书店
印 刷 者　中煤（北京）印务有限公司
开　　本　170 mm×240 mm　1/16
印　　张　10
字　　数　179千字
版　　次　2021年10月第1版　　2021年10月第1次印刷
定　　价　100.00元

前　言
PREFACE

　　蕈（xùn）菌即大型真菌，是菌物中能形成大型子实体的一类真菌，大多数属于担子菌亚门，少数属于子囊菌亚门。蕈菌生长发育形成的子实体及菌核的大小足以让人能够肉眼辨识和徒手采摘。

　　蕈菌不仅营养丰富、味道鲜美、满足人们味觉的享受，而且具有强大的功效，经常食用可强身健体。蕈菌在生长、代谢过程中形成了许多活性物质及次生代谢产物，是创新药物分子及先导化合物。总之，蕈菌与人类健康息息相关，开发应用前景光明而深远。

　　为了进一步挖掘蕈菌资源，充分发挥蕈菌在增强人体体质、对抗疾病方面的作用，提高全民生活质量和健康水平，我们在2017年出版的《蕈菌与人类健康》一书的基础上，组织有关科研院所、菌物药生产企业的生物工程、蕈菌、药物等方面科技工作者，结合近年来的科研（特殊蕈菌资源挖掘及评价利用，项目号：2014DFR31050）与技术创新工作，在总结各地食药用蕈菌工作研究成果和经验，收集参考、研究、整理大量国内外有关文献和资料的基础上，编著了《蕈菌功效解析与开发利用》一书。全书共三章，第一章从人们眼中的蕈菌入手，逐步引出蕈菌的类型及特征特性，继而针对性地推出了部分与人类健康关系密切、开发利用前景优势明显的珍稀蕈菌资源，以此展示蕈菌的风貌和魅力，进一步加深人们对蕈菌的了解及认知；第二章着重介绍了蕈菌的营养成分、活性成分及其功效；第三章在回顾总结蕈菌开发利用历程的基础上，分别介绍了现有蕈菌类食品、保健食品、药品、调味品、化妆品、农用等方面的开发利用；进而通过展望蕈菌开发利用前景、分析在蕈菌开发利用方面存在问题及不足，提出了蕈菌开发利用发展之路。

本书坚持深入浅出、通俗易懂的原则，广泛宣传蕈菌知识及利用价值，同时针对性地介绍了一些新技术、新成果、新产品。旨在抛砖引玉，激发广大蕈菌爱好者和蕈菌开发工作者的学习兴趣和工作热情，开创蕈菌工作的新局面。通过多层次、多渠道宣传和普及蕈菌知识，引导人们全方位认识蕈菌、重视蕈菌、开发蕈菌、利用蕈菌。让蕈菌这一大自然赐予人类的精华，走出深山、走出老林，经现代科学技术介入和打造后，走入民间、走上餐桌、走进药典、走进千家万户。

众里寻"她"千"百度"，蕈海觅珍"万维"中。本书在编著过程中注重图文并茂，除了自身工作积累外，部分资料和图片来自网络及微信公众号。在此，我们对上述提供资料、图片和工作支持的单位、个人和网站表示深深的谢意。

本书在资料查询、收集过程中，由于查询时间节点、国家机构改革、网站变更、信息更新等动态因素影响，有些数据可能与实际情况略有差异，敬请读者谅解，同时希望读者能以国家官方实时数据为准。

鉴于水平有限，编著时间仓促，难免出现不妥或疏漏之处，恳请读者、同行及专家批评指正。

作　者

2021年8月8日

目　录

CONTENTS

第一章

蕈菌类型及特征特性

第一节　奇异的蕈菌知多少

在高山顶，在老林中，在草原上，在庭院里，在田埂、地头、树下、路旁、公园、河边，人们时不时地会看到和采到各式各样大小不一、色彩斑斓、千姿百态的小宝贝，特别是在夏天雨后，在枯草、落叶、腐殖质沉积过的地方更容易出现。它们有的像小雨伞，有的像球，有的像耳朵，有的像舌头、有的像扫帚……，人们大多习惯地称它们为蘑菇，或者形象地称它们为"菇""蘑""菌""耳""芝"等，它们就是本书的主角——蕈菌。

一、大众眼中的蕈菌

城市居民看到的蕈菌，就是菜市场或超市里卖的蘑菇，如平菇、杏鲍菇、香菇、双孢菇、金针菇、白玉菇、白灵菇及木耳、银耳等，它们有营养、味道好、既可炒菜，又可煲汤，涮火锅，常吃有益于身体健康。

村民们所说的蕈菌，除了农贸市场上买到的蘑菇外，还有在周边、田野、山坡、树林等地方采到的一些野山菇，如口蘑、松蘑、杨树菇、鸡腿菇等。尤其自采自摘的蘑菇，味道鲜美，口感特别好，比肉都好吃，还不用花钱，心情要多美有多美。

菇农心中的蕈菌，基本以食用菌为主。食用菌种植是一项投资小、见效快，投入少、产出多的致富门路。食用菌不与粮棉争地，不与农忙争时，可充分利用和转化农副产品的下脚料和废料，化腐朽为神奇，消除污染、改善环境；食用菌可为人类贡献美味可口的高蛋白、低脂肪食品，弥补人类口粮的不足。只是新鲜蘑菇不易储存，精深加工是提高其附加值的途径和出路。

采菌人眼中的蕈菌就是原生态、纯天然的野山菌，野山菌多为食药用蕈菌，如牛肝菌、鸡油菌、鸡枞菌、松茸、松露、干巴菌、青头菌、虎掌菌、羊肚菌、猴头菇、老人头、竹荪等，它们是山珍，是美味，是财富。美中不足的是采菌人逐年增多，加之不规范、掠夺性采挖，这样日复一日、年复一年，长此以往，名菌资源越来越少，几近枯竭。

二、专家眼中的蕈菌

生物学家认为蕈菌属于真菌范畴，通常指那些能形成显著子实体或菌核组织，并能食用、药用或具有其他用途的一类高等真菌。而真菌又隶属菌物，菌物包括真菌、黏菌、卵菌，与植物、动物、微生物共同组成生物界。

营养学家赞誉蕈菌高蛋白、低脂肪、低热量、高膳食纤维、多维生素和矿物元素，是人间美食、健康食品。

药学家通过科学研究，证明蕈菌含有丰富的营养与活性成分，可有效调节人体免疫功能，经常食用可抵抗疾病侵蚀，强身健体。药用蕈菌可预防和治疗多种疾病，尤其对一些现代慢性疾病有显著疗效。

第二节　蕈菌的形态特征

蕈菌最大特征是能形成形状、大小、颜色各异的大型子实体。

一、担子菌

（一）伞菌类

伞菌类蕈菌子实体伞状、肉质、很少膜质或革质，包括菌盖、菌柄、位于菌盖下面的菌褶或菌管、位于菌柄中部或上部的菌环和基部的菌托。子实层在生长初期往往被易脱落的内菌膜覆盖，成熟时完全外露。担子无隔，担孢子单孢，无色或有色，形状、大小、色泽和纹饰等是分种的重要依据（图1-1）。

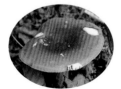

图1-1　伞菌类蕈菌

1. 菌盖

菌盖由表皮、菌肉及菌褶组成，在表皮层的菌丝里含有不同的色素，导致菌盖呈现出不同颜色，各种颜色还随着子实体的生长发育和环境干、湿度或光照情况而变化。菌盖的大小和形状各不相同，有圆形、半圆形、伞形、半球形、斗笠形、钟形、漏斗形、半漏斗形、卵圆形、圆锥形、喇叭形、马鞍形等，菌盖直径大小不等；菌盖中部有平展、凸起、尖突、脐状或下凹等；菌盖边缘全缘或开裂，具条纹或粗条棱。边缘有内卷曲、上翘、反卷、波状、花瓣状等样式；菌盖表面有光滑、具皱纹、条纹、龟裂等特点，有干燥、湿润、水浸状、黏、黏滑、胶黏等特性，还有的表面粗糙具纤毛、丛毛状鳞片或呈粉末状。鹅膏菌科的部分种类在发育过程中，外菌幕残留在菌盖表面而形成角锥状、疣状或块鳞片。

菌褶生长在菌盖下面，上面连接着菌肉，这部分称作子实层体。其颜色除它本身外，往往随着子实体的变化而呈现出孢子的颜色。菌褶的排列方式多种多样。有的等长、有的不等长；有些菌褶之间有窄小的横脉相连；有的菌褶相互交织成网状，如鸡油菌。菌褶的边缘分平滑、波状、锯齿或粗糙呈颗粒状等样式。

2. 菌柄

菌柄长短、形状各异，与菌盖着生关系分中生、偏生或侧生；形状有圆柱形、棒形、纺锤形等。菌柄有分枝的，也有基部膨大的相互联合在一起或延伸成假根的，有的弯曲、有的扭转。部分菌柄纤维质、肉质或脆骨质，表面光滑或具鳞片或条纹。菌柄内部又分为松软、空心或实心（中实、内实），有的种类随子实体的成长而由实心变为空心。

3. 菌环

菌环是内菌幕的遗迹。当子实体幼小时，在菌褶表面有一层膜质组织，叫内菌幕，在子实体生长的过程中，内菌幕与菌盖脱离，遗留在菌柄上形成菌环。

菌环依大小、厚薄、质地、单层、双层等而有所区别。一般生长在菌柄的上部、中部或下部；有少数种类的菌环可与菌柄脱离而移动；有的菌环早期存在，后期消失；有的菌环易破碎而悬挂在菌盖边缘；有的菌环不呈膜质而呈蛛网状。

4. 菌托

菌托由外菌膜遗留在菌柄基部而形成，其形状有苞状、稍状、鳞茎状、杯状、杵状，有的由数圈颗粒组成。

（二）多孔菌（非褶菌）类

多孔菌（非褶菌）类蕈菌子实体片状、棒状、珊瑚状、杯状、漏斗状、蹄形等，质地多革质、炭质、木栓质、木质，少数为肉质（图1-2）。

图1-2　多孔菌类蕈菌

（三）胶质菌类

胶质菌类蕈菌子实体胶质，颜色鲜艳，多瓣丛生，脑状、半漏斗状、耳状、盘形等（图1-3）。

图1-3　胶质菌类蕈菌

（四）腹菌类

腹菌类蕈菌子实体主要包括马勃科、鸟巢菌科、地星科、鬼笔科等蕈菌。

马勃科蕈菌子实体肉质，梨形、头形、陀螺形、球形，幼时内部白色，老后外包被牛皮纸样，内呈粉末状，干或湿，碰击时外包皮开裂，粉末可放出，放出即发展成孢子（图1-4）。

图1-4　腹菌类蕈菌

二、子囊菌

子囊菌的子实体即子囊果，由具有隔壁的菌丝体孢子囊而成。

子囊是子囊菌有性生殖产生的，其内产生子囊孢子，呈囊状结构。子囊大多呈圆筒形或棍棒形，少数为卵形或近球形，有的子囊有柄。一个典型的子囊内含有8个子囊孢子。有的子囊只有一层壁（单囊壁），而有的有两层壁（双囊壁）。在子囊成熟后子囊壁大多仍然完好，少数子囊菌的子囊壁消解。有些子囊的顶部是封闭的，没有孔口，子囊孢子释放时，子囊壁消解或破裂；有的顶部有孔口或狭缝或囊盖，子囊孢子通过子囊顶部的孔口或狭缝释放。有些子囊菌的子囊整齐地排列成一层，称为子实层，有的高低不齐，不形成子实层。

有的子囊菌子囊外面没有包被，是裸生的，不形成子囊果。子囊果有4种类型：子囊果包被是完全封闭的，没有固定的孔口称作闭囊壳；子囊果的包被有固定的孔口，称作子囊壳；子囊果呈盘状的称作子囊盘；子囊产生在子座组织内，子囊周围不另外形成真正的子囊果壁，这种内生子囊的子座称作子囊座（图1-5）。

图1-5　子囊菌蕈菌

第三节　蕈菌的生物学特性

一、生存方式的独特性

（一）营养方式

蕈菌属于异养生物，细胞中没有叶绿素，一般不能进行光合作用。因此，靠分解、吸收纤维素、半纤维素、木质素和蛋白质等大分子有机物及矿质元素维持生长、发育和繁殖等生命活动。根据摄取营养的方式，蕈菌分为腐生蕈菌、共生蕈菌和寄生蕈菌等类型。

（二）生长方式

蕈菌生长形式有菌丝体、子实体、菌核、菌索、孢子等。菌丝生长到一定阶段，在温度、湿度等环境条件适宜的情况下形成子实体及孢子，而在逆境中会形成菌核或菌索等。

蕈菌的生长发育大致分为5个阶段。

（1）形成一级菌丝。担孢子萌发，形成由许多单核细胞构成的菌丝，称一级菌丝。

（2）形成二级菌丝。不同性别的一级菌丝发生接合后，通过质配形成了由双核细胞构成的二级菌丝，它通过独特的"锁状联合"，即形成喙状突起，而连合两个细胞的方式不断使双核细胞分裂，从而使菌丝尖端不断向前延伸。

（3）形成三级菌丝。到条件合适时，大量的二级菌丝分化为多种菌丝束，即为三级菌丝。

（4）形成子实体。菌丝束在适宜条件下会形成菌蕾，然后再分化、膨大成大型子实体。

（5）产生担孢子。子实体成熟后，双核菌丝的顶端膨大，细胞质变浓厚，在膨大的细胞内发生核配形成二倍体的核。二倍体的核经过减数分裂和有丝分裂，形

成4个单倍体子核。这时顶端膨大细胞发育为担子，担子上部随即突出4个梗，每个单倍体子核进入一个小梗内，小梗顶端膨胀生成担孢子。

（三）繁殖方式

蕈菌繁殖方式分无性繁殖（大多数担子菌的无性繁殖不发达，通常通过芽殖、菌丝断裂以及产生分生孢子、节孢子或粉孢子来繁殖）和有性繁殖。蕈菌繁殖最大的特点是产生有性担孢子，在子实体成熟后菌丝的顶端膨大，其中两个核融合成一个新核，完成一次核配，新核经过两次分裂，产生4个单倍体子核，最后在担子细胞的顶端形成4个担孢子。担孢子有多种类型，分成有隔担子和无隔担子两大类。

二、遗传基因的多样性

蕈菌是由不同种类的大型真菌组成的类群。据推测全球有蕈菌14万余种。我国是蕈菌资源大国，蕈菌遗传基因丰富、种类繁多。据不完全统计，仅已知的1 000余种食用菌就分属41个科、132个属，其中以担子菌和子囊菌为主。其实，鉴于遗传基因的多样性，加之气候、环境的诱变，蕈菌还有很多生态类型及种内不同的种群及亚种、变种等。

三、生存环境的复杂性

蕈菌生存环境的复杂性表现为生态系统的多样性，生态系统的多样性是指整个蕈菌生物圈内的生境、群落和生态过程的多样化以及生态系统内生境差异、生态过程变化的多样性。大型真菌划分为木腐真菌、落叶及腐草生真菌、土壤腐生菌、粪生真菌、植物寄生真菌、昆虫寄生真菌、真菌寄生真菌、地衣型真菌、外生菌根菌、昆虫共生菌、天麻共生菌和真菌共生菌12个生态类型。

（一）生存条件

1.营养

蕈菌生长需要营养，但其又没有根、茎、叶，不能利用光合作用制造养分，只能分解转化基质中的有机物合成自己需要的物质。蕈菌从基质中摄取的营养物质主要有碳源、氮源、无机盐及维生素等。

（1）碳源。碳水化合物是细胞生命活动的主要能源，碳源是碳水化合物的基源。蕈菌利用的碳源主要来自有机物，如纤维素、半纤维素及木质素等。菇农常选棉籽壳、木屑、稻草、玉米芯及甘蔗渣等作为栽培蕈菌的碳源。

（2）氮源。氮是合成蛋白质和核酸的重要原料，菇农多选用麸皮、米糠、玉米粉、豆饼等农副食品下脚料及畜禽粪作为栽培蕈菌的氮源。

（3）无机盐。无机盐对蕈菌生长发育至关重要，尤以磷、钾、镁为重。生产中依据蕈菌类型及所选培养基质适当添加。

（4）维生素。少量的维生素如核黄素、硫胺素等有促进蕈菌菌丝生长的作用。

2. 环境气候因子

（1）温度。温度是影响蕈菌生长发育的重要因素。在一定温度范围内，蕈菌的代谢活动和生长繁殖随着温度的上升而加快。当温度升高到一定限度，开始产生不良影响时，如果温度继续升高，蕈菌的细胞功能就会受到破坏，以致造成死亡。各种蕈菌生长所需的温度范围不同，每一种蕈菌只能在一定的温度范围内生长。不同的生长阶段需要不同的温度。一般蕈菌菌丝体较耐低温，0℃不会死亡，但最适宜生长温度在20℃左右。子实体发育所需温度比分化阶段要高一些，但不同类型、不同品种有别，生产中依据蕈菌对温度的需求分为高、中、低3种类型。

（2）水分与湿度。蕈菌生长需要水分，且需水量较大。菌丝体在含适宜水分的基质上才会较好地生长，子实体发育对水分的要求更高。一般培养基料的水分应控制在62.5%左右，空气湿度应控制在70%左右。子实体形成与发育阶段空气湿度一般控制在90%左右。

（3）氧气。蕈菌生长需要氧气，氧气不足，菌丝生长缓慢。子实体发育过程中呼吸旺盛，对氧气的需求量加大，此时CO_2浓度升高会抑制菇体的正常发育，易形成畸形菇。因此，室内栽培蕈菌需要通风换气。

（4）pH值（酸碱度）。不同蕈菌对基质的pH值要求不同。一般而言，木腐生蕈菌喜欢在偏酸的基质中生长，草腐生蕈菌喜欢在偏碱的基质中生长。

（5）光照。蕈菌不同生长发育阶段对光线的要求不一样。一般来说，菌丝生长阶段不需要光线，在黑暗条件下生长良好，在光照下反而受阻，光照越强，生长越慢。蕈菌子实体的发育需要一定量的散射光。

3. 生物环境

（1）动物。动物与蕈菌休戚相关。一方面动物自觉不自觉地为蕈菌提供生

长发育的养料和条件，有的甚至直接成为蕈菌的寄主；另一方面，蕈菌又是动物的美味佳肴。

（2）植物。植物与蕈菌相互依恋。一方面，植物是蕈菌生存的基础和后盾，既为蕈菌提供营养，又为蕈菌创造生长发育的环境；另一方面，蕈菌在利用植物营养的同时，又可以将植物的枯枝落叶等转化成肥料供植物循环利用。

（3）微生物。微生物与蕈菌既是朋友，又是敌人，既相互利用，又彼此竞争。

4. 生境类型

（1）森林、树木及林地。森林、树木及林地是蕈菌理想的生长地，树种不同，生长种类不同，产量也不同。蕈菌在树林中分解枯枝败叶，既自行生长，又为其他生物提供有机物。

（2）杂木林、灌木丛。在林缘地区，常常有成片的杂木林和灌木丛，它们也是蕈菌生育的理想地方。

（3）草原。蕈菌在这里生长，往往会形成蘑菇圈。

（4）田间、地头。

（5）篱笆、朽木。

（6）粪堆。

第四节 部分珍稀蕈菌类型及形态特征

一、担子菌

（一）伞菌类

1. 平菇（*Pleurotus ostreatus*）

平菇也称侧耳、糙皮侧耳、蚝菇、黑牡丹菇、秀珍菇等，是伞菌目、侧耳科、侧耳属蕈菌（图1-6）。

图1-6　平菇图片集锦

平菇可分为深色种（黑色种）、浅色种、乳白色种和白色种四大品种类型。深色种（黑色种）多是低温种和广温种，属于糙皮侧耳和美味侧耳。浅色种（浅灰色）多是中低温种，最适宜的出菇温度略高于深色种，多属于美味侧耳种。乳白色种多为中广温品种，属于佛罗里达侧耳种。

糙皮侧耳和美味侧耳菌盖直径5~21cm，灰白色、浅灰色、瓦灰色、青灰色、灰色至深灰色，菌盖边缘较圆整。菌柄较短，长1~3cm，粗1~2cm，基部常有茸毛，菌盖和菌柄都较柔软。孢子印白色，有的品种略带藕荷色。子实体常丛生甚至叠生。

佛罗里达侧耳菌盖直径5~23cm，白色、乳白色至棕褐色。色泽随光线的不同而变化，高温和光照较弱时呈白色或乳白色，低温和光照较强时呈棕褐色。丛生或散生。菌柄稍长而细，常基部较细，中上部变粗，内部较实，且富纤维质的表面，孢子印白色。

白黄侧耳及其他广温类品种子实体3~25cm，多10cm以上，苍白、浅灰、青灰、灰白色，温度越高，色泽越浅。丛生或散生，从不叠生。有的品种菌柄纤维质程度较高。低温下形成的子实体色深组织致密，耐运输。

凤尾菇子实体为大型，8~25cm，多10cm以上，菌盖棕褐色，菌盖上常有放射状细纹，成熟时边缘呈波状弯曲，菌肉白色、柔软而细嫩，菌盖厚，常可达1.8cm，甚至更多。丛生或散生，或单生。菌柄短粗且柔软，一般长1.5~4.0cm，粗1~1.8cm。

2. 香菇（*Lentinus edodes*）

香菇又名冬菇、香蕈、北菇、厚菇、薄菇、花菇、椎茸，是伞菌目、口蘑科、香菇属蕈菌，冬春季生于阔叶树倒木上，群生，散生或单生。在山东、河南、浙江、福建、台湾、广东、广西、安徽、湖南、湖北、江西、四川、贵州、云南、陕西、甘肃等省区均有分布（图1-7）。

图1-7　香菇图片集锦

　　香菇子实体单生、丛生或群生，子实体中等大至稍大。菌盖直径5～12cm，有时可达20cm，幼时半球形，后呈扁平至稍扁平，浅褐色、深褐色至深肉桂色，中部往往有深色鳞片，而边缘常有污白色毛状或絮状鳞片。菌肉白色，稍厚或厚，细密，具香味，幼时边缘内卷，有白色或黄白色的茸毛，随着生长而消失。菌盖下面有菌幕，后破裂，形成不完整的菌环，老熟后盖缘反卷，开裂。菌褶白色、密、弯生、不等长；菌柄常偏生，白色，弯曲，长3～8cm，粗0.5～1.5cm。菌环以下有纤毛状鳞片，纤维质，内部实心，菌环易消失，白色。孢子印白色，孢子光滑，无色，椭圆形至卵圆形，（4.5～7）μm×（3～4）μm，用孢子生殖。双核菌丝有锁状联合。

　　3. 口蘑（*Tricholoma gambosum*）

　　口蘑又名白蘑、蒙古口蘑、云盘蘑、银盘，是伞菌目、口蘑科蕈菌。口蘑实际上并非一种，市场上的口蘑是集散地汇集起来的许多蘑菇的统称。按传统的叫法，至少还包括以下多种，如青腿子蘑、香杏、黑蘑、鸡腿子、水晶蕈、水银盘、马莲杆、蒙西白蘑等（图1-8）。

图1-8　口蘑图片集锦

　　口蘑子实体伞状，白色。菌盖宽5～17cm，半球形至平展，白色，光滑，初期边缘内卷。菌肉白色，厚。菌褶白色，稠密，弯生不等长。菌柄粗壮，白色，长3.5～7cm，粗1.5～4.6cm，内实，基部稍膨大。担孢子无色，光滑，椭圆形。口蘑夏秋季在草原上群生，常形成蘑菇圈。产于河北、内蒙古、黑龙江、吉林、辽宁等地。

4. 双孢菇（*Agaricus bisporus*）

双孢菇别名圆蘑菇、洋蘑菇、双孢蘑菇、白蘑菇，是伞菌目、伞菌科、蘑菇属蕈菌（图1-9）。

图1-9　双孢菇图片集锦

双孢菇子实体中等至稍大。菌盖直径3～15cm不等，初半球形，后近平展，有时中部下凹，白色或乳白色，光滑或后期具丛毛状鳞片，干燥时边缘开裂。菌肉白色，厚。菌褶粉红色呈褐色，黑色，较密，离生，不等长。菌柄粗短，圆柱形，稍弯曲，（1～9）cm×（0.5～2）cm，近光滑或略有纤毛，白色，内实。菌环单层，白色，膜质，生于菌柄中部，易脱落。担子上有两个担孢子，孢子印深褐色。孢子褐色，椭圆形，光滑，（6.5～10）μm×（5～6.5）μm。

双孢菇是世界食用菌生产中产量最大的一个菇种，分布地域较广泛。

5. 金针菇（*Flammulina velutipes*）

金针菇学名毛柄金钱菌，又称毛柄小火菇、构菌、朴菇、冬菇、朴菰、冻菌、金菇、智力菇等，因其菌柄细长，似金针菜，故称金针菇，是伞菌目、白蘑科、金针菇属蕈菌（图1-10）。

图1-10　金针菇图片集锦

金针菇的子实体由菌盖、菌褶、菌柄三部分组成，多数成束生长，肉质柔软有弹性。菌盖呈球形或呈扁半球形，直径1.5～7cm，幼时球形，逐渐平展，过分成熟时边缘皱褶向上翻卷。菌盖表面有胶质薄层，湿时有黏性，色黄白到黄褐，菌肉白色，中央厚，边缘薄，菌褶白色或象牙白色，较稀疏，长短不一，与菌柄离生或弯生。菌柄中央生，中空圆柱状，稍弯曲，长3.5~15cm，直径0.3~1.5cm，菌柄基部相连，上部呈肉质，下部为革质，表面密生黑褐色短茸毛，担孢子生于菌褶子实层上，孢子圆柱形，无色。

金针菇在自然界广为分布，是一种木材腐生菌，易生长在柳、榆、白杨树等阔叶树的枯树干及树桩上。

6. 杏鲍菇（*Pleurotus eryngii*）

杏鲍菇别名刺芹侧耳，是伞菌目、侧耳科、侧耳属蕈菌（图1-11）。

图1-11　杏鲍菇图片集锦

杏鲍菇子实体单生或群生，菌盖宽2~12cm，初呈拱圆形，后逐渐平展，成熟时中央浅凹至漏斗形，表面有丝状光泽、平滑、干燥、细纤维状，幼时盖缘内卷，成熟后呈波浪状或深裂。菌肉白色，具有杏仁味，无乳汁分泌。菌褶延生，密集，略宽，乳白色，边缘及两侧平，有小菌褶。菌柄长2~8cm，粗0.5~3cm，偏心生或侧生。

杏鲍菇菌肉肥厚，质地脆嫩，特别是菌柄组织致密、结实、乳白，可全部食用，且菌柄比菌盖更脆滑、爽口，被称为"平菇王""干贝菇"，具有杏仁香味和如鲍鱼的口感，适合保鲜、加工，深得人们的喜爱。

根据子实体形态特征，国内外的杏鲍菇菌株大致可分为保龄球形、棍棒形、鼓槌状、短柄形和菇盖灰黑色5种类型。其中保龄球形和棍棒形栽培较广泛。

7. 白灵菇（*Pleurotus nebrodensis*）

白灵菇别称阿魏侧耳，是伞菌目、侧耳科、侧耳属蕈菌（图1-12）。

白灵菇子实体中等至稍大。菌盖直径5~15cm，扁半球形，后渐平展，最后下凹，光滑，初期褐色后渐呈白色，并有龟裂斑纹，幼时边缘内卷。菌肉白色，厚。菌褶延生，稍密，白色，后呈淡黄色。菌柄偏生，内实，白色，长2~6cm，粗1~2cm，向下渐细。孢子无色，光滑，长方椭圆形至椭圆形，

（12~14）μm×（5~6）μm，有内含物。

图1-12 白灵菇图片集锦

阿魏侧耳是一种生于野生中草药阿魏根基部的可食用菌种，具有很高的食用和药用价值，民间有"雪山白灵芝"的美称。在我国仅分布于新疆伊犁、塔城、阿勒泰等地的阿魏分布区。

8. 鸡腿菇（*Coprinus comatus*）

鸡腿菇又名毛头鬼伞，是伞菌目、鬼伞科、鬼伞属蕈菌，因其形如鸡腿，肉质肉味似鸡丝而得名，肉质细嫩、鲜美可口（图1-13）。

图1-13 鸡腿菇图片集锦

鸡腿菇子实体中大型，群生，菇蕾期菌盖圆柱形，后期钟形。高7~20cm，菌盖幼时近光滑，后有平伏的鳞片或表面有裂纹。幼嫩子实体的菌盖、菌肉、菌褶菌柄均白色，菌柄粗达1~2.5cm，上有菌环。菌盖由圆柱形向钟形伸展时菌褶开始变色，由浅褐色直至黑色，子实体也随之变软变黑，完全丧失食用价值。因此，栽培中采收必须适时，应在菌盖保持圆柱形且边缘紧包着菌柄，在无肉眼可见菌环的柱形期及时采收。

9. 草菇（*Volvariella volvacea*）

草菇又名美味草菇、美味包脚菇、兰花菇、秆菇、麻菇、中国菇及小包脚菇，是伞菌目、光柄菇科、小包脚菇属蕈菌（图1-14）。

图1-14 草菇图片集锦

草菇子实体由菌盖、菌柄、菌褶、外膜、菌托等构成。外膜又称包被、脚包，顶部灰黑色或灰白色，往下渐淡，基部白色，未成熟子实体被包裹其间，随着子实体增大，外膜遗留在菌柄基部而成菌托。菌柄中生，顶部和菌盖相接，基部与菌托相连，圆柱形，直径0.8~1.5cm，长3~8cm，充分伸长时可达8cm以上。菌盖着生在菌柄之上，张开前钟形，展开后伞形，最后呈碟状，直径5~12cm，大者达21cm；鼠灰色，中央色较深，四周渐浅，具有放射状暗色纤毛，有时具有凸起三角形鳞片。菌褶位于菌盖腹面，由280~450个长短不一的片状菌褶相间地呈辐射状排列，与菌柄离生，每片菌褶由3层组织构成，最内层是菌髓，为松软斜生细胞，其间有相当大的胞隙；中间层是子实基层，菌丝细胞密集面膨胀；外层是子实层，由菌丝尖端细胞形成狭长侧丝，或膨大而成棒形担孢子及隔孢。子实体未充分成熟时，菌褶白色，成熟过程中渐渐变为粉红色，最后呈深褐色。担孢子卵形，长7~9μm，宽5~6μm，最外层为外壁，内层为周壁，与担子梗相连处为孢脐，是担孢子萌芽时吸收水分的孔点。初期颜色透明淡黄色，最后为红褐色。一个直径5~11cm的菌伞可散落5亿~48亿个孢子。

草菇起源于我国，后传入世界各地，是一种重要的热带亚热带菇类，是世界上第三大栽培食用菌，我国草菇产量居世界之首，主要分布于华南地区，多产于广东、广西、福建、江西、台湾等省区。

10. 茶树菇（*Agrocybe aegerita*）

茶树菇别名柱状田头菇、杨树菇、茶薪菇、柱状环锈伞、柳松茸等，是蘑菇菌目、粪伞科、田头菇属蕈菌（图1-15）。

茶树菇子实体单生、双生或丛生，菌盖直径5~10cm，表面平滑，初期为暗红褐色，有浅皱纹，菌肉（除表面和菌柄基部之外）白色，有纤维状条纹。菌柄中实，长4~12cm，淡黄褐色。成熟期菌柄变硬，菌柄附暗淡黏状物，菌环白色，膜质，上位着生，残留在菌柄上或附于菌盖边缘自动脱落。内表面常长满孢子而呈绣褐色，孢子呈椭圆形，淡褐色。

图1-15　茶树菇图片集锦

茶树菇原为江西广昌境内高山密林地区茶树蔸部生长的一种野生蕈菌。经过优化改良的茶树菇，盖嫩柄脆，味纯清香，口感极佳，可烹制成各种美味佳肴。

11. 蜜环菌（*Armillaria mellea*）

蜜环菌别称榛蘑、臻蘑、蜜蘑、蜜环蕈、栎蕈，是伞菌目、小皮伞科、蜜环菌属蕈菌（图1-16）。夏秋季在很多种针叶或阔叶树树干基部、根部或倒木上丛生，可食用，干后气味芳香，但略带苦味，食前须经处理，在针叶林中产量大。广泛分布于北半球的温带地区。

图1-16　蜜环菌图片集锦

蜜环菌子实体一般中等大。菌盖直径4～14cm，淡土黄色、蜂蜜色至浅黄褐色。老后棕褐色，中部有平伏或直立的小鳞片，有时近光滑，边缘具条纹。菌肉白色。菌褶白色或稍带肉粉色，老后常出现暗褐色斑点。菌柄细长，圆柱形，稍弯曲，同菌盖色，纤维质，内部松软变至空心，基部稍膨大。菌环白色，生柄的上部，幼时常呈双层，松软，后期带奶油色。

菌丝体为极纤细的丝状体，肉眼难辨其形状。在着生蜜环菌菌索的树皮下，能见由大量菌丝组成的菌丝块或菌丝束，呈粉白色或乳白色。菌索是菌丝在不良的环境条件下或生长后期发生的适应性变态，即菌丝体交织肉结组成绳索状的组织。菌索外层由菌丝分化形成较为紧密的外表皮组织，有一个尖端，色深，角质化，是一种休眠体。菌索在生长时可发出波长约530μm的蓝绿荧光。菌索主要起运输营养、水分和氧气的作用，同时不断进行增殖、延伸和寻找新的营养源。

12. 松茸（*Tricholoma matsutake*）

松茸（松口蘑）别名松蕈、合菌，是伞菌目、口蘑科、口蘑属蕈菌（图1-17）。

松茸是世界上珍稀名贵的天然食药两用菌、中国二级濒危保护物种，同时松茸也是一种纯天然的珍稀名贵食用蕈菌，被誉为"菌中之王"。秋季生于松林或针阔混交林地上，群生或散生，有时形成蘑菇圈。在中国、日本和朝鲜均有分布，主产地在吉林延边、黑龙江牡丹江、云南和西藏等地区。

图1-17 松茸图片集锦

松茸形若伞状，色泽鲜明，菌盖呈褐色，菌柄为白色，均有纤维状茸毛鳞片，菌肉白嫩肥厚，质地细密，有浓郁的特殊香气。菌盖直径5~20cm。扁半球形至近平展，污白色，具黄褐色至栗褐色平状的纤毛状的鳞片，表面干燥，菌肉白色，肥厚。菌褶白色或稍带乳黄色，较密，弯生，不等长。菌柄较粗壮，长6~14cm，粗2~2.6cm；菌环以下具栗褐色纤毛状鳞片，内实，基部稍膨大。菌环生于菌柄上部，丝膜状，上面白色，下面与菌柄同色。孢子印白色；孢子无色，光滑，阔椭圆形至近球形，（6.5~7.5）mm×（4.5~6.2）mm。松茸的生长分为4个阶段，即孢子形成菌丝，菌丝形成菌根，菌根孕育出子实体，子实体散播孢子，整个过程需要5~6年时间。当一支松茸开朵衰老时，它会散播出400亿个孢子。这些孢子随风飘荡，只有落在松树根系下的那些能够存活，并随着雨露沉入浅层土中，吸收根系附近的养分，长出菌丝。菌丝会逐渐增多并形成菌根，在经历了5~6年的时间，菌根处会长出一支子实体，这就是我们常言所讲的松茸，子实体会迅速长大，然后迅速衰老，开始新的一轮循环。

13. 姬松茸（*Agaricus blazei*）

姬松茸别名巴氏蘑菇、巴西蘑菇、姬菇，是伞菌目、蘑菇科、蘑菇属蕈菌，原产巴西、秘鲁，夏秋季于有畜粪的草地上群生，具杏仁香味，口感脆嫩。姬松茸菌盖嫩，菌柄脆，口感极好，味纯鲜香，食用价值高（图1-18）。

图1-18 姬松茸图片集锦

姬松茸子实体粗壮，菌盖直径5～11cm，初为半球形，逐渐成馒头形，最后为平展，顶部中央平坦，表面有淡褐色至栗色的纤维状鳞片，盖缘有菌幕的碎片。菌盖中心的菌肉厚达11mm，边缘的菌肉薄，菌肉白色，受伤后变微橙黄色。菌褶离生，密集，宽8～10mm，从白色转肉色，后变为黑褐色。菌柄圆柱状，中实，长4～14cm，直径1～3cm，上下等粗或基部膨大，表面近白色，手摸后变为近黄色。菌环以上最初有粉状至绵屑状小鳞片，后脱落成平滑，中空。菌环大，上位，膜质，初白色，后微褐色，膜下有带褐色绵屑状的附属物。孢子光滑，阔椭圆形至卵形，没有芽孔，（5.2～6.6）μm×（3.7～4.5）μm。菌丝无锁状联合。

14. 牛肝菌（*Boletus*）

牛肝菌是一个庞大的生物多样化蕈菌群体。其典型的特征为菌盖及菌柄肉质，与伞菌的外形相似，呈"蘑菇"状，菌盖下（菌褶）表面为密集的菌管、蜂窝状。按《菌物词典（第十版）》的分类系统，全世界牛肝菌目（Boletales）可分为15科96个属，约1 316种。中国已报道的牛肝菌中具菌管及菌褶类群的种类多达28属397种或变种。中国有不少非常好的食用牛肝菌，如美味牛肝菌、铜色牛肝菌、橙香牛肝菌、褐圆孔牛肝菌、蓝圆孔牛肝菌、橙黄疣柄牛肝菌、黄皮疣柄牛肝菌、褐环乳牛肝菌、黑点疣柄牛肝菌、白牛肝菌和网纹牛肝菌。云南省是中国牛肝菌种类最多的地方，有300多种（图1-19）。最出名的牛肝菌是牛肝菌属的美味牛肝菌，在欧洲被称作"牛肝菌之王"。在云南最受欢迎的是红葱菌和白葱菌。其次是血红牛肝菌、茶褐牛肝菌，我国东北地区以乳牛肝菌属为主。

美味牛肝菌又称大腿蘑、大脚菇、白牛肝菌等，是久负盛名的大型食用蕈菌。子实体中等至大型，菌盖扁半球形或稍平展，不黏，光滑，边缘纯，黄褐色、土褐色或赤褐色。菌肉白色，厚。菌管初期白色，后呈淡褐色直至深褐色，直生或近凹生。菌柄圆形，基部膨大呈球形向上逐渐收窄，淡褐色或淡黄褐色，内实。分布于云南、四川、贵州、黑龙江、内蒙古等地。常生于山区阔叶林或针阔叶混交林光照充足地带。

白牛肝菌的子实体为肉质，散生。菌盖直径一般6～9cm，最大可达25cm，初扁半球形，后渐开展，湿时表面稍黏，纯白色、灰白色。菌肉白色，稍厚，不变色。菌管长0.3～0.4mm，灰白色；管孔近圆形，灰白色。菌柄圆柱形，有时向下渐细，（7～9）cm×（0.8～2）cm，白色，表面光滑或稍有条纹。孢子近纺锤形至长椭圆形，淡黄色，（15～16）μm×（4～6.8）μm。夏秋生于桦木科和壳斗科等阔叶树林地上。

网纹牛肝菌散生、群生，菌盖扁半球形，光滑、不黏，菌盖直径6～20cm，表面暗褐色、黄褐色，带橄榄绿褐或淡褐色，稍茸毛状，湿时稍黏性。菌肉白色，不变色。菌管初白色，后黄色至橄榄绿包，管孔近白色。菌柄10～18cm，倒棍棒形，表面淡褐色至淡灰褐色，几乎全体有网纹。孢子近纺锤形，（13～15）μm×（4～5）μm。夏秋生于壳斗科为主的阔叶林或与赤松、马尾松的混交林中地上。

图1-19　牛肝菌图片集锦

15. 安络小皮伞（*Marasmius androsaceus*）

安络小皮伞别称鬼毛针、茶褐小皮伞，是伞菌目、白蘑科、小皮伞属蕈菌，分布于我国福建、湖南、云南、吉林、台湾等地（图1-20）。

安络小皮伞子实体小，菌盖半球至近平展，中部脐状，具沟条，直径0.5～2cm，膜质，光滑，干燥，韧，茶褐至红褐色，中央色深而薄。菌褐近白色，稀，长短不一，直生至离生。菌柄3～5cm，粗1mm或稍粗，细针状，黑褐色或稍浅，平滑，弯曲，中空，软骨质，往往生长成黑褐色至黑色细长的菌索，直径0.5～1mm，由于生境温度条件影响，最长的菌索长达150cm以上，极似细铁丝或马鬃。孢子长方椭圆形，光滑，无色，（6～9）μm×（3～4.5）μm。生于比较阴湿的林内枯枝、腐木、落叶、竹林枯竹枝上，往往菌索发达。可药用，不建议食用。

图1-20　安络小皮伞图片集锦

16. 雷丸（*Omphalia lapidescens*）

雷丸别名竹苓、雷实、竹铃芝，是伞菌目、白蘑科、脐菇属蕈菌，为腐生兼性寄生真菌，以长江流域以南各省为多。常生于衰败的杂竹林、桐、胡颓子、柏、枫香等腐根旁，多生长在山坡，土壤是通透性良好的砂砾性土。常于夏、秋季采收（图1-21）。

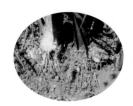

图1-21　雷丸菌核图片集锦

雷丸为腐生蕈菌，菌核通常为不规则球形、卵状或块状，直径0.8～3.5cm，罕达4cm，表面褐色、黑褐色以至黑色，具细密皱纹，内部白色至蜡白色，略带黏性。子实体不易见到。干燥的菌核为球形或不规则的圆块状，大小不等，直径1～2cm。表面呈紫褐色或灰褐色，有稍隆起的网状皱纹。质坚实而重，不易破裂；击开后断面不平坦，粉白色或淡灰黄色，呈颗粒状或粉质。质紧密者为半透明状，可见有半透明与不透明部分交错成纹理。气无，味淡，嚼之初有颗粒样感觉，微带黏液性，久嚼则溶化而无残渣。以个大、饱满、质坚、外紫褐色、内白色、无泥沙者为佳。

17. 鸡枞菌（*Termitornyces albuminosus*）

鸡枞菌别称伞把菇、鸡肉丝菇、鸡脚蘑菇、蚁棕、斗鸡公等，是伞菌

目、白蘑科、白蚁菌属蕈菌，分布于我国西南、东南几省及台湾的一些地区（图1-22）。

图1-22 鸡枞菌图片集锦

鸡枞菌常见于针阔叶林中地上、荒地上和乱坟堆、玉米地中，基柄与白蚁巢相连，散生或群生。夏季高温高湿，白蚁窝上先长出小白球菌，之后形成鸡枞菌子实体。子实体中等至大型。菌盖宽3～23.5cm，幼时脐突半球形至钟形并逐渐伸展，菌盖表面光滑，顶部显著凸起呈斗笠形，灰褐色或褐色、浅土黄色、灰白色至奶油色，长老后辐射状开裂，有时边缘翻起，少数菌有放射状。子实体充分成熟即将腐烂时有特殊剧烈香气，嗅觉灵敏的人可以在10余米外闻到其香味。菌肉白色，较厚。菌褶白色至乳白色，肉质厚实，长老后带黄色，弯生或近离生，稠密，窄，不等长，边缘波状。菌柄较粗壮，长3～15cm，粗0.7～2.4cm，白色或同菌盖色，内实，基部膨大具有褐色至黑褐色的细长假根，长可达40cm。孢子呈卵圆形，白色或奶油色。

18. 亮菌（*Armillariella tabescens*）

亮菌别称假蜜环菌、易逝杯伞、青杠钻、光菌、发光小蜜环菌，为白蘑科蜜环菌属蕈菌，在我国分布于东北、华北及甘肃、江苏、安徽、浙江、福建、广西、四川、云南等地（图1-23）。

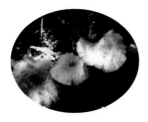  

图1-23　亮菌图片集锦

亮菌菌盖宽3～8cm，扁半球形，后渐平展，中部钝；盖面不黏，蜜黄色或黄褐色，老后锈褐色，往往中部色深，有纤毛状鳞片；盖缘有时稍上翘。菌肉白色或带乳黄色。菌褶延生，较窄，幅窄，不等长，白色至污白色或稍带淡肉粉色。菌柄长3～12cm，粗0.3～1cm，近等粗，上部污白色，中部以下灰褐色至黑褐色，常扭曲。有平伏丝状纤毛，内部松软，后中空。孢子宽椭圆形至近卵圆形，平滑，无色，（8～10）μm×（5～7）μm。

（二）多孔菌（非褶菌）类

1. 灰树花（*Grifola frondosa*）

灰树花又名贝叶多孔菌、栗子蘑、莲花菌、叶状奇果菌、千佛菌、云蕈、舞茸，是非褶菌目、多孔菌科、灰树花属蕈菌（图1-24）。

图1-24　灰树花图片集锦

灰树花子实体肉质，短柄，呈珊瑚状分枝，末端生扇形至匙形菌盖，重叠成丛，大的丛宽40～60cm，重3～4kg；菌盖直径2～7cm，灰色至浅褐色。表面有细毛，老后光滑，有反射性条纹，边缘薄，内卷。菌肉白，厚2～7mm。菌管长1～4mm，管孔延生，孔面白色至淡黄色，管口多角形，平均每1～3个。孢子无色，光滑，卵圆形至椭圆形。菌丝壁薄，分枝，有横隔，无锁状联合。

灰树花是一种中温型、好氧、喜光的木腐菌，夏秋季生于栎树、板栗、栲树、青冈栎等壳斗科树种及阔叶树的树桩或树根上。多分布在浙江、河北、四

川、云南、福建等地。

2. 猴头菇（*Hericium erinaceus*）

猴头菇别称猴头菌、猴头蘑、刺猬菌、猬菌，是红菇目、猴头菇科、猴头菇属蕈菌，主要分布在北温带的阔叶林或针叶、阔叶混交林中（图1-25）。

图1-25 猴头菇图片集锦

猴头菇因外形似猴子的头而得名。子实体呈块状，扁半球形或头形，肉质，直径5～15cm，不分枝。新鲜时呈白色，干燥时变成褐色或淡棕色。基部狭窄或略有短柄。菌刺密集下垂，覆盖整个子实体，肉刺圆筒形，刺长1～5cm，粗1～2mm，每一根细刺的表面都布满子实层，子实层上密集生长着担子及囊状体，担子上着生4个担孢子，野生的猴头菇一般成对生长。孢子透明无色，表面光滑，呈球形或近似球形，直径6.5～7.5μm；菌丝细胞壁薄，具横隔，有锁状联合。菌丝直径为10～20μm。

猴头菇尚有小刺猴头菌、珊瑚状猴头菌、假猴头菌、高山猴头菌等亚种。

3. 灵芝（*Ganoderma lucidum*）

灵芝别称灵芝草，是非褶菌目、灵芝菌科、灵芝属蕈菌，有赤芝（又名丹芝）、黑芝（又名元芝）、青芝（又名龙芝）、白芝（又名玉芝）、黄芝（又名金芝）、紫芝（又名木芝）等类型（图1-26a）。

野生灵芝菌盖木栓质，形态各异，香味浓。灵芝未成熟时菌盖边沿有一圈嫩黄白色生长圈，成熟后消失并喷出孢子粉。野生赤芝并不是都有菌柄，有柄或近无柄或无柄；紫芝有柄，极少数无柄或近无柄。灵芝菌柄红褐色至黑色，都有漆样光泽，坚硬。灵芝生长中的光线过低就只长菌柄、不开片，如鹿角、灵芝草类。野生灵芝大小和形态变化较大。菌背面，有无数细小管孔，管口呈白色或淡褐色，灵芝生长初期菌背面一眼看去就一片白色，每毫米内有4～5个管孔，管口圆形，内壁为子实层。灵芝种子（孢子），卵圆形，壁两层，针尖大小，褐色，集多粉末状。

图1-26a 灵芝图片集锦

赤芝（*Ganoderma lucidum*）别称丹芝、红芝、血灵芝、灵芝草、三秀、万年蕈、吉祥蕈等（图1-26b）。菌盖木栓质，半圆形或肾形，宽12～20cm，厚约2cm。皮壳坚硬，初黄色，渐变成红褐色，有光泽，具环状棱纹和辐射状皱纹，边缘薄，常稍内卷。菌盖下表面菌肉白色至浅棕色，由无数菌管构成。菌柄侧生，长达19cm，粗约4cm，红褐色，有漆样光泽。菌管内有多数孢子。野生赤芝的菌盖少数有天然漆样光泽，经洗净烘烤干后，菌盖会溢出漆样光泽的灵芝油，有环状棱纹和辐射状皱纹。赤芝主产于华东、西南及河北、山西、广西等省区。生长于栎树及其他阔叶树干或树桩旁，喜生于植被密度大，光照短，表土肥沃，潮湿疏松之处，现已人工栽培。药用部位为其子实体。秋季采收。

图1-26b 赤芝图片集锦

4. 茯苓（*Poria cocos*）

茯苓别称云苓、松苓、茯灵，是多孔菌目、多孔菌科、茯苓属蕈菌（图1-27）。茯苓在不同的发育阶段表现出3种不同的形态特征，即菌丝体、菌核和子实体。

图1-27 茯苓图片集锦

茯苓菌丝体包括单核及双核2种菌丝体。单核菌丝体又称初生菌丝体,是由茯苓孢子萌发而成,仅在萌发的初期存在。双核菌丝体又称次生菌丝体,为菌丝体的主要形式,由两个不同性别的单核菌丝体相遇,经质配后形成。菌丝体外观呈白色茸毛状,具有独特的多同心环纹菌落。在显微镜下观察,可见菌丝体由许多具分枝的菌丝组成,菌丝内由横隔分成线形细胞,宽2～5μm,顶端常见到锁状联合现象。

茯苓菌核是由大量菌丝及营养物质紧密集聚而成的休眠体,球形、椭球形、扁球形或不规则块状;小者重数两①,大者数斤②、数十斤;新鲜时质软、易折开,干后坚硬不易破开。菌核外层皮壳状,表面粗糙、有瘤状皱缩,新鲜时淡褐色或棕褐色,干后变为黑褐色;皮内为白色及淡棕色。在显微镜下观察,菌核中白色部分的菌丝多呈藕节状或相互挤压的团块状。近皮处为较细长且排列致密的淡棕色菌丝。

茯苓子实体通常产生在菌核表面,偶见于较老化的菌丝体上。蜂窝状,大小不一,无柄平卧,厚0.3～1cm。初时白色,老后木质化变为淡黄色。子实层着生在孔管内壁表面,由数量众多的担子组成。成熟的担子各产生4个孢子(即担孢子)。茯苓孢子灰白色,长椭圆形或近圆柱形,有一歪尖,(6×2.5)μm～(11×3.5)μm。

茯苓多寄生于马尾松或赤松的根部,偶见于其他针叶树及阔叶树的根部,其土质为沙质适宜。外皮黑褐色,里面白色或粉红色。产于云南、安徽、湖北、河南、四川等地。

5. 槐栓菌(*Trametes robiniophila*)

槐栓菌又名槐耳、槐檽、槐菌、槐鸡、槐鹅、槐蛾、赤鸡,是非褶菌目、多

---

① 1两=0.1斤=0.05kg。

② 1斤=0.5kg。

孔菌科、栓菌属蕈菌，生长于槐及洋槐、青檀等树干上，分布于河北、山东、陕西、四川、重庆等地（图1-28）。

图1-28 槐耳图片集锦

槐栓菌子实体无柄，菌盖半圆形，常呈覆瓦状，木栓质，棕褐色，近光滑，有少数环纹，菌肉黄白色，干后有香味，壁厚而光整，孔口黄白色，多角形，每毫米5~6个，孢子无色，光滑，孢子印白色，常有囊状体。

6. 云芝（*Coriolus versicolor*）

云芝别称彩绒革盖菌、杂色云芝、黄云芝、灰芝、瓦菌、彩云革盖菌、多色牛肝菌、红见手、千层蘑、彩纹云芝，是多孔菌目、多孔菌科、栓菌属药用蕈菌，生于多种阔叶树木桩、倒木和枝上，世界各地森林中均有分布（图1-29）。

图1-29 云芝图片集锦

云芝子实体革质至半纤维质，侧生无柄，常覆瓦状叠生，往往左右相连，生于伐桩断面上或倒木上的子实体常围成莲座状。菌盖半圆形至贝壳形，（1~6）cm×（1~10）cm，厚1~3mm；盖面幼时白色，渐变为深色，有密生的细茸毛，长短不等，呈灰、白、褐、蓝、紫、黑等多种颜色，并构成云纹状的同心环纹；盖缘薄而锐，波状，完整，淡色。管口面初期白色，渐变为黄褐色、赤褐色至淡灰黑色；管口圆形至多角形，每毫米3~5个，后期开裂，菌管单层，白色，长1~2mm。菌肉白色，纤维质，干后纤维质至近革质。孢子圆筒状，稍弯曲，平滑，无色，（1.5~2）μm×（2~5）μm。

7. 树舌（*Ganoderma applanatum*）

树舌别称平盖灵芝，赤色老母菌、扁木灵芝、扁芝，是多孔菌目、多孔菌科、灵芝属药用蕈菌，多分布于我国东北、西北、华东、华南和西南等地（图1-30）。

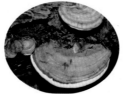

图1-30 树舌图片集锦

树舌子实体多年生，侧生无柄，木质或近木栓质。菌盖扁平，半圆形、扇形、扁山丘形至低马蹄形，（5~30）cm×（6~50）cm，厚2~15cm；盖面皮壳灰白色至灰褐色，常覆有一层褐色孢子粉，有明显的同心环棱和环纹，常有大小不一的疣状突起，干后常有不规则的细裂纹；盖缘薄而锐，有时钝，全缘或波状。管口面初期白色，渐变为黄白色至灰褐色，受伤处立即变为褐色；管口圆形，每毫米4~6个；菌管多层，在各层菌管间夹有一层薄的菌丝层，老的菌管中充塞有白色粉末状的菌丝。孢子卵圆形，一端有截头壁双层，外壁光滑，无色，内壁有刺状突起，褐色，（6.5~10）μm×（5~6.5）μm。

8. 猪苓（*Polyporus umbellatus*）

猪苓别称豕苓、粉猪苓、野猪粪、地乌桃、猪茯苓、猪灵芝、猳猪矢、豕橐等，是非褶菌目、多孔菌科、树花属蕈菌，在我国主要分布在北京、河北、山西、内蒙古、吉林、黑龙江、湖南、甘肃、四川、贵州、陕西、青海、宁夏等地（图1-31）。

图1-31 猪苓图片集锦

猪苓子实体大或很大，肉质、有柄、多分枝、末端生圆形白色至浅褐色菌盖，一丛直径可达35cm。菌盖圆形，中部下凹近漏斗形，边缘内卷，被深色细鳞片，宽1～4cm。菌肉白色，孔面白色，干后草黄色。孔口圆形或破裂呈不规则齿状，延生，平均每毫米2～4个。孢子无色，光滑，圆筒形，一端圆形，一端有歪尖，（7～10）μm×（3～4.2）μm。子实体幼嫩时可食用，味道十分鲜美。其地下菌核体呈块状或不规则形状，表面为棕黑色或黑褐色，有许多凹凸不平的瘤状突起及皱纹。内面近白色或淡黄色，干燥后变硬，整个菌核体由多数白色菌丝交织而成；菌丝中空，直径约3mm，极细而短。子实体生于菌核上，伞形或伞状半圆形，常多数合生，半木质化，直径5～15cm或更大，表面深褐色，有细小鳞片，中部凹陷，有细纹，呈放射状，孔口微细，近圆形；担孢子广卵圆形至卵圆形。

猪苓的生活史分担孢子、菌丝体、菌核、子实体4个阶段。担孢子是子实体产生的有性孢子，萌发后形成初生菌丝体，初生菌丝体质配后产生双核的次生菌丝，诸多次生菌丝紧密缠结成菌核。菌核遇适宜的温度、湿度和营养条件，即萌发产生新的菌丝。随着菌核逐步生长，部分菌核升出地面长出子实体，开放散出孢子。

9. 鸡油菌（*Cantharellus cibarius*）

鸡油菌别称鸡油蘑、鸡蛋黄菌、杏菌等，是非褶菌目、鸡油菌科、鸡油菌属蕈菌，分布于福建、湖北、湖南、广东、四川、贵州、云南等地（图1-32）。

图1-32　鸡油菌图片集锦

鸡油菌子实体肉质，喇叭形，杏黄色至蛋黄色，菌盖宽3～9cm，最初扁平，后卜凹。菌肉蛋黄色。鸡油菌通常在秋天生长于北温带深林内，东欧和俄罗斯出产世界上最好的鸡油菌。中国部分地区也出产几个品种的鸡油菌，其中以四川及湖北西北地区的质量较好，但产量不大。鸡油菌在德国非常有名，它和著名的德国香肠一样受人喜爱，但价格要贵很多。鸡油菌在烹制时菇体很吸油，吃的时候一口咬下去，连同蘑菇液汁的油水被挤压流出来，如鸡油一般，故此得名。成熟的鸡油菌有点喇叭花的样子，颜色很鲜艳，比一般的蘑菇要韧，有点弹性，

闻起来有明显的杏香味。

此外，尚有红鸡油菌、脐形鸡油菌、薄黄鸡油菌、伤锈鸡油菌、金黄鸡油菌等亚种。

红鸡油菌子实体小。菌盖直径1.5～5.5cm，薄，最初扁平，后中部下凹，近似喇叭状。光滑，先时近朱红色，老后褪色，边缘内卷，波状至瓣裂状，无条纹。菌肉近白色，近表皮处红色。菌褶稀，狭窄，延生，分叉，有横脉连接。菌柄同盖色，近圆柱形，常弯曲，光滑，长2～4cm，粗0.3～1.0cm，实心。孢子无色，光滑，宽椭圆形，（6～10）μm×（4～6）μm。分布于香港、广东、安徽、江苏、浙江、西藏、云南、四川、吉林、贵州等地。夏秋季林中地上散生或群生或单生。

脐形鸡油菌子实体小。菌盖直径2～5cm，幼时近半球形至扁平，中部下凹呈脐状，中央有一小凸起，表面平滑或有平伏的小鳞片，暗灰褐色，湿润时近黑褐色，褐红色，有时呈现环带，干燥时带灰色，幼小时边缘内卷，成熟后边缘伸展。菌肉白色或灰褐色。菌褶白色至乳白色，近直生至近延生，稍密，近蜡质，不等长。菌柄长3～9cm，粗0.3～0.5cm，圆柱形或稍扭曲，表面浅灰褐色，上部有白色粉末，基部有白色茸毛，内部松软至空心。孢子长椭圆形或近似纺锤状椭圆形，（8～10.5）μm×（3.5～4）μm。夏秋生于云杉林中苔藓间，单生或群生。

薄黄鸡油菌子实体小至中等。菌盖直径3～10cm，近喇叭状，似蜡质，边缘延伸至后期向内卷，盖较薄，表面光滑，橘黄色至黄色。菌肉较薄，橘黄色，靠近菌柄部菌肉近黄白色。具有水果香气。菌柄表面橘黄色，长2.5～10cm，粗0.5～2cm，有时上部粗，内部白色空心，子实层近平滑或呈低的条棱或浅沟纹，橘黄色，后期带浅粉红色。孢子印粉黄色，孢子椭圆形，光滑，无色，（7～12）μm×（4～6.5）μm。分布于福建、湖南、山西、西藏等地。秋季生于林中地上。

10. 牛樟芝（*Antrodia camphorata*）

牛樟芝又名牛樟菇、樟菇或樟芝等，是无褶菌目、多孔菌科、薄孔菌属蕈菌，1990年被生物界发表为新种，其生长区域为台湾山区海拔450～2 000m山林间百年以上的牛樟树树干腐朽的中空内部或倒伏树干的潮湿表面（图1-33）。

野生牛樟芝子实体形态多变化，有板状、钟状、马蹄状或塔状；初生时鲜红色，渐长变为白色、淡红褐色、淡褐色或淡黄褐色。

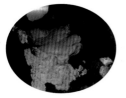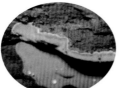

图1-33　牛樟芝图片集锦

11. 桦褐孔菌（*Inonotus obliquus*）

桦褐孔菌又称斜生纤孔菌、白桦茸、桦树菇、西伯利亚灵芝（图1-34）。是锈革孔菌目、锈革孔菌科、纤孔菌属蕈菌，生于白桦、银桦、榆树、赤杨等的树皮下或活立木的树皮下或砍伐后树木的枯干上，主要分布于俄罗斯、芬兰、波兰、日本北海道等北半球北纬40°～50°的地区和我国的黑龙江和吉林一带，顶级白桦茸的产地在俄罗斯远东原始森林。

图1-34　桦褐孔菌图片集锦

桦褐孔菌菌核呈现瘤状（不育性的块状物），外表黑灰，有不规则沟痕，内部黄色，无柄，直径25～40cm，深色，表面深裂，很硬，干时脆，可育部分厚5mm，皮壳状薄，暗褐色。菌管3～10mm，脆、通常菌管的前端开裂，菌孔每毫米6～8个，圆形，浅白色，后变暗褐色。菌肉木柱质，有轻微的、模糊不清的环纹，鲜（明亮）淡黄褐色。孢子阔椭圆状至卵状，光滑，（9～10）μm×（5.5～6.5）μm，有刚毛。

12. 木蹄层孔菌（*Pyropolyporus fomentarius*）

木蹄层孔菌又称木蹄，是多孔菌科、层孔菌属蕈菌（图1-35），生于栎、桦、杨、柳、椴、榆、水曲柳、梨、李、苹果等阔叶树干上或木桩上，分布于我国香港、广东、广西、云南、贵州、河南、陕西、四川、湖南、湖北、山西、河北、内蒙古、甘肃、吉林、辽宁、黑龙江、西藏、新疆等地。

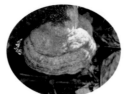

图1-35　木蹄层孔菌图片集锦

木蹄子实体大至巨大，马蹄形，无柄。多呈灰色，灰褐、浅褐色至黑色，（8～42）cm×（10～64）cm，厚5～20cm，有一层厚的角质皮壳及明显环带和环梭，边缘钝。菌管多层，色层有时很明显，每层厚3～5cm，锈褐色。菌管软木栓质，厚0.5～5cm，锈褐色，管口每毫米3～4个，圆形，灰色至浅褐色。

13. 桑黄（*Sanghuangporus*）

桑黄又称桑寄生、桑臣、树鸡、胡孙眼、桑黄菰、桑黄菇及针层孔菌等，是锈革孔菌目、锈革孔菌科、桑黄属的一类蕈菌，模式种为*Sanghuangporus sanghuang*。

目前，有关桑黄的认定尚有一些争议，因此现阶段生产栽培的桑黄仍然为多种并存，其中涵盖鲍氏针层孔菌、火木针层孔菌和裂蹄针层孔菌等，属于针层孔菌属（图1-36）。

图1-36　桑黄图片集锦

桑黄子实体为担子果，均具菌盖，其呈不规则圆形或半圆形，菌盖比菌肉色深，有暗棕色、深褐色至灰黑色，新鲜时为木栓质，成熟衰老后为硬木质，菌盖长径3～21cm，短径2～12cm。桑黄菌盖相对的孔口表面蛋黄色至深棕色，菌肉同质或异质，厚2～8cm。孢子卵圆形或近球形，淡黄色至暗黄色，壁厚明显，形状光滑。

桑黄分布于中国、韩国和日本。主要寄生于桑树及暴马丁香树、黑桦树、白桦树、松树、杨树、柳树、栎树等树干上。

14. 绣球菌（*Sparassis crispa*）

绣球菌又名绣球蕈、对花菌、干巴菌、椰菜菌、蜂窝菌等，是非褶孔菌目、绣球菌科、绣球菌属蕈菌（图1-37）。普通蘑菇生长在阴面，而绣球菇每天需要10h以上的照射，是世界上唯一的"阳光蘑菇"。

图1-37　绣球菌图片集锦

绣球菌子实体中等至大形，肉质，由一个粗壮的柄上发出许多分枝，枝端形成无数曲折的瓣片，形似巨大的绣球，直径10～40cm，白色至污白或污黄色。瓣片似银杏叶状或扇形，薄而边缘弯曲不平，干后色深，质硬而脆。子实层生瓣片上。孢子无色，光滑，卵圆形至球形，（4～5）μm×（4～4.6）μm。夏秋季在云杉、冷杉或松林及混交林中分散生长，柄基部似根状并与树根相连。主要分布于黑龙江、吉林、西藏、云南、福建、湖南、湖北等地。

15. 白囊耙齿菌（*Irpex lacteus*）

白囊耙齿菌别名白囊孔，是多孔菌科、耙齿菌属蕈菌，生长于阔叶树木的倒木、落枝上，其中以槭树、赤杨、桦树、水曲柳、胡桃楸、杨树、桃树、蒙古栎、刺槐和柳树上较为常见，偶尔被发现生长在针叶林如落叶松上（图1-38）。

白囊耙齿菌子实体担子果一年生，形态多变，平伏、平伏至反卷或盖形，较韧，干后硬革质。菌盖半圆形，单生或覆瓦状叠生，外延可达1cm，宽可达2cm，厚可达0.4cm；平伏的担子果可达10cm，宽可达5cm；菌盖上表面乳白色至浅黄色，覆细密茸毛，同心环带不明显；边缘与菌盖同色，干后内卷。子实层体奶油色至淡黄色，幼时孔状，老后撕裂成耙齿状；菌齿紧密相连，菌齿长可达3mm，每毫米2～3个；边缘幼嫩部分多数呈孔状，多角形，管口薄壁。菌肉白色至奶白色，软木栓质，厚可达1mm。担孢子圆柱形，稍弯曲，无色，薄壁，光滑，大小为4.14μm×2.22μm。

图1-38 白囊耙齿菌图片集锦

16. 牛舌菌（*Fistulina hepatica*）

牛舌菌又称肝色牛排菌、牛排菌、肝脏菌，是非褶菌目、牛舌菌科、牛舌菌属蕈菌，因形状和颜色似牛舌而得名。暗红色至红褐色，子实体中等大。夏秋季生于板栗树桩上及其他阔叶树腐木上（图1-39）。

图1-39 牛舌菌图片集锦

子实体肉质，松软，甚韧，多汁，鲜色、肉红色至红褐色，老熟时暗褐色，厚3cm左右，半圆形、近圆形至近匙形，直径5～25cm，从基部至盖缘有放射状深红色花纹，微黏，粗糙；常无柄，生于孔洞中的柄长2～3cm，明显；子实层生于菌管内，菌管长1～2cm，可各自分离，无共同管壁，密集排列在菌肉下面，管口初近白色，后渐变为红色或淡红色。菌肉淡红色，纵切面有纤维状分叉的深红色花纹，软而多汁。担孢子无色，近球形或椭圆形，（4～5）μm×（3～4）μm，内含一个大油滴；有时产生厚壁孢子，卵形，污黄色，（6～7）μm×（4～5）μm，丛生于菌丝或孢子梗的顶端。

牛舌菌的菌丝直径变化很大，宽3～12μm。有锁状联合，但数量不多；液体培养时，很少观察到锁状联合，偶尔可发现有顶生或间生的厚垣孢子。某些菌株能产生大量分生孢子。分生孢子卵形或椭圆形，长2～8μm，生于有分枝的分生孢子梗顶端的小梗上。

分布于我国河南、广西、福建、云南、四川等地。可食用，已人工栽培成功。

（三）胶质菌类

1. 黑木耳（*Auricularia auricula*）

黑木耳是木耳目、木耳科、木耳属蕈菌（图1-40）。

图1-40　黑木耳图片集锦

黑木耳子实体丛生，常覆瓦状叠生，耳状、叶状或近林状，边缘波状，薄，宽2～6cm，最大者可达12cm，厚2mm左右，以侧生的短柄或狭细的基部固着于基质上，初期为柔软的胶质，黏而富弹性，以后稍带软骨质，干后强烈收缩，变为黑色硬而脆的角质至近革质。背面外面呈弧形，紫褐色至暗青灰色，疏生短茸毛。茸毛基部褐色，向上渐尖，尖端几无色，（115～135）μm×（5～6）μm。里面凹入，平滑或稍有脉状皱纹，黑褐色至褐色。菌肉由有锁状联合的菌丝组成，粗2～3.5μm。子实层生于里面，由担子、担孢子及侧丝组成。担子长60～70μm，粗约6μm，横隔明显。孢子肾形，无色，（9～15）μm×（4～7）μm；分生孢子近球形至卵形，（1～15）μm×（4～7）μm，无色，常生于子实层表面。

黑木耳主要生长在中国和日本，以东北木耳和秦岭木耳为优。人工培植的黑木耳子实体呈耳状，叶状或杯状，薄，边缘波浪状，宽3～10cm，厚2mm左右，以侧生的短柄或狭细的附着部固着于基质上。色泽黑褐，质地柔软呈胶质状，薄而有弹性，湿润时半透明，干燥时收缩变为脆硬的角质近似革质。味道鲜美，营养丰富。

2. 毛木耳（*Auricularia polytricha*）

毛木耳又名构耳、粗木耳，我国南方地区称黄背耳、白背耳，是木耳科、木耳属蕈菌，生于热带、亚热带地区，在温暖、潮湿季节丛生于枯枝、枯干上，多长在柳树、洋槐、桑树等多种树干上或腐木上，丛生，在我国大部分地区有分布（图1-41）。

图1-41 毛木耳图片集锦

毛木耳子实体初期杯状，渐变为耳状至叶状，胶质、韧，干后软骨质，大部平滑，基部常有皱褶，直径10～15cm，干后强烈收缩。不孕面灰褐色至红褐色，有茸毛，（500～600）μm×（4.5～6.5）μm，无色，仅基部带褐色。子实层面紫褐色至近黑色，平滑并稍有皱纹，成熟时上面有白色粉状物即孢子。孢子无色，肾形，（13～18）μm×（5～6）μm。毛木耳耳片大、厚、质地粗韧，硬脆耐嚼，且抗逆性强，易栽培。

3. 银耳（*Tremella fuciformis*）

银耳别称白木耳、雪耳、银耳子等，是银耳目、银耳科、银耳属蕈菌（图1-42）。

图1-42 银耳图片集锦

银耳子实体是由10余片薄而多皱褶的扁平形瓣片组成，纯白至乳白色，一般呈菊花状或鸡冠状，直径5～10cm，柔软洁白，半透明，富有弹性，干后收缩，角质，硬而脆，白色或米黄色。子实层生瓣片表面。担子近球形或近卵圆形，纵分隔。夏秋季生于阔叶树腐木上。

银耳属常见的种有银耳、叶银耳（又称为黄耳）、角状银耳、蔷薇色银耳、展生银耳、橙黄银耳（又称为亚橙）、棕红银耳、合生银耳、茎生银耳、脑状银耳、垫生银耳等。

4. 金耳（*Naematelia aurantialba*）

金耳别称金黄银耳、黄耳、脑耳、黄木耳，是银耳目、银耳科、银耳属蕈菌（图1-43）。

图1-43　金耳图片集锦

金耳子实体散生或聚生，表面较平滑；渐渐长大至成熟初期，耳基部楔形，上部凹凸不平、扭曲、肥厚，形如脑状或不规则的裂瓣状、内部组织充实。成熟中期后期，裂瓣有深有浅。中期部分裂瓣充实，部分组织松软；后期组织呈纤维状，甚至变成空壳。子实体的颜色呈鲜艳的橙色、金黄色，甚至橘红色。

金耳多见于高山栎林带、生于高山栎或高山刺栎等树干上。并与下列韧革菌有寄生或部分共生关系，如毛韧革菌、细绒韧革菌和扁韧革菌等。

（四）腹菌类

1. 马勃（*Lasiosphaera seu*）

马勃俗称牛屎菇、马蹄包、药包子、马屁泡等，是腹菌纲、马勃目蕈菌（图1-44）。

图1-44　马勃图片集锦

马勃嫩时色白，圆球形如蘑菇，较大，鲜美可食，嫩如豆腐。老则褐色而虚软，弹之有粉尘飞出，内部如海绵。

脱皮马勃（*Lasiosphaera fenzii*）属于马勃科。子实体近球形至长圆形，直径15～30cm，幼时白色，成熟时渐变浅褐色，外包被薄，成熟时成碎片状剥落；内包被纸质，浅烟色，熟后全部破碎消失，仅留一团孢体。其中孢丝长，有分枝，多数结合成紧密团块。孢子球形，外具小刺，褐色。分布于西北、华北、华中、西南等地区，生于山地腐殖质丰富的草地上。

大马勃（*Calvatia gigantea*）子实体近球形至长圆形，直径15～20cm。大者可达40cm。包被薄，易消失，外包被白色，内包被黄色，内外包被间有褐色层。初生时内部含有多量水分，后水分渗出，逐渐干燥。外包被开裂，与内包被分离，内包被青褐色，纸状，轻松有弹力，受震动就散发出孢子。秋季生于林地和竹林间及草原阴湿草丛内。各省均有分布，以内蒙古、青海、新疆草原所产较多。

紫色马勃（*Calvatia lilacina*）子实体呈陀螺形，或已压扁呈扁圆形，直径5～12cm，不孕基部发达；包被薄，两层，紫褐色，粗皱，有圆形凹陷，外翻，上部常裂成小块或已部分脱落；孢体紫色。

2. 竹荪（*Dictyophora indusiata*）

竹荪又名竹笙、竹参，腹菌纲、鬼笔科、竹荪属蕈菌，常见并可供食用的有长裙竹荪、短裙竹荪、棘托竹荪和红托竹荪，是寄生在枯竹根部的一种隐花蕈菌，形状略似网状干白蛇皮，它有深绿色的菌帽，雪白色圆柱状的菌柄，粉红色的蛋形菌托，在菌柄顶端有一围细致洁白的网状裙从菌盖向下铺开，被人们称为"雪裙仙子""山珍之花""真菌之花""菌中皇后"（图1-45）。

图1-45　竹荪图片集锦

竹荪营养丰富，香味浓郁，滋味鲜美，自古就列为"草八珍"之一。

竹荪幼担子果菌蕾呈圆球形，具3层包被，外包被薄，光滑，灰白色或淡褐红色；中层胶质；内包被坚韧肉质。成熟时包被裂开，菌柄将菌盖顶出，柄中空，高15～20cm，白色，外表由海绵状小孔组成；包被遗留于柄下部形成菌托；菌盖生于柄顶端呈钟形，盖表凹凸不平呈网格，凹部分密布担孢子；盖下有白色网状菌幕，下垂如裙，长达8cm以上；孢子光滑，透明，椭圆形，（3～3.5）μm×（1.5～2）μm。

竹荪基部菌索与竹鞭和枯死竹根相连，长裙竹荪多产于高温高湿地区，而同属的短裙竹荪则多长在温湿环境。当孢子萌发形成菌丝，通过菌丝分解腐竹类的有机物质取得营养，进入生殖生长阶段，菌丝体形成无数菌索，在其前端膨大发育成纽结状原基，在适宜条件下，经过一个多月生长，原基形成菌蕾，状如鸡蛋。当菌蕾顶端凸起如桃形时，多在晴天的早晨由凸起部分开裂，先露出菌盖，菌柄相继延伸，到中午柄长到一定高度时即停止伸长，菌裙渐渐由盖内向下展开，空气相对湿度为95%时，菌裙生长正常，温度偏低和湿度过小时不能正常展裙。16：00—17：00菌盖上担孢子成熟并开始白溶，滴向地面，同时整个子实体萎缩倒下。

竹荪为竹林腐生真菌，以分解死亡的竹根、竹竿和竹叶等为营养源。野生时多生长于楠竹、平竹、苦竹、慈竹等竹林里，其土质有黑色壤土、紫色土、黄泥土等。竹荪营腐生生活，其菌丝能穿透许多微生物的拮抗线，能利用许多微生物不能利用的纤维素、木质素。因此，人工栽培时，可用竹木屑及多种农作物秸秆及少量无机盐等，即可满足其营养需求。

二、子囊菌

（一）盘菌类

1. 羊肚菌（*Morehella esculenta*）

羊肚菌又称羊肚蘑、羊肝菜、编笠菌。属盘菌目、羊肚菌科、羊肚菌属蕈菌（图1-46）。

图1-46 羊肚菌图片集锦

羊肚菌由羊肚状的可孕头状体菌盖和一个不孕的菌柄组成。菌盖表面有网状棱的子实层，边缘与菌柄相连。菌柄圆筒状、中空，表面平滑或有凹槽。菌盖近球形、卵形至椭圆形，高4～10cm，宽3～6cm，顶端钝圆，表面有似羊肚状的凹坑。凹坑不定形至近圆形，宽4～12mm，蛋壳色至淡黄褐色，浅色棱纹，不规则地交叉。柄近圆柱形，近白色，中空，上部平滑，基部膨大并有不规则的浅凹槽，长5～7cm，粗约为菌盖的2/3。子囊圆筒形，（280～320）μm×（17～20）μm。孢子

长椭圆形，无色，每个子囊内含8个，呈单行排列。侧丝顶端膨大，粗达12μm。

羊肚菌属内种的子实体大小、形状、颜色差异较大，这与其所处的环境和气候有关。羊肚菌属共有28个种，分布于世界各地。迄今为止，我国的羊肚菌种类有小顶羊肚菌、尖顶羊肚菌、粗柄羊肚菌、肋脉羊肚菌、小羊肚菌、普通羊肚菌、宽圆羊肚菌、羊肚菌、高羊肚菌、紫变羊肚菌、半开羊肚菌、硬羊肚菌、褐羊肚菌、变紫羊肚菌等20种。

小顶羊肚菌菌盖狭圆锥形，顶端尖，高2～5cm。基部宽1.7～3.3cm，凹坑多长方形，蛋壳色。棱纹黑色，纵向排列，由横脉连接。柄乳白色，近圆柱形，长3～5cm，粗11～20mm，上部平，基部稍有凹槽。子囊（210～250）μm×（15～20）μm。孢子单行排列，（22～26）μm×（12～14）μm。侧丝顶端膨大，直径达11μm。

尖顶羊肚菌菌盖长，近圆锥形，顶端尖或稍尖，长达5cm，直径达2.5cm。凹坑多长方形，浅褐色，棱纹色较浅，多纵向排列，由横脉相连。柄白色，长达6cm，直径约等于菌盖基部的2/3，上部平，下部有不规则凹槽。子囊（250～300）μm×（17～20）μm，孢子单行排列，（20～24）μm×（12～15）μm。侧丝顶部膨大，直径达9～12μm。

粗柄羊肚菌菌盖近圆锥形，高约7cm，宽5cm。凹坑近圆形，大而浅，浅黄色，棱纹薄，不规则地相互交织。柄粗壮，淡黄色，长约10cm，基部粗5cm，稍有凹槽，向上渐细。子囊圆柱形，有孢子部分150μm×18μm。孢子8个，单行排列，椭圆形，无色，（22～25）μm×（15～17）μm。侧丝无色，顶部膨大。

小羊肚菌菌盖圆锥形至近圆锥形，高17～33mm，宽8～15mm。凹坑往往长形，浅褐色。棱纹常纵向排列，不规则相互交织，颜色较凹坑浅。柄长15～25mm，粗5～8mm，近白色或浅黄色，基部往往膨大，并有凹槽。子囊近圆柱形，有孢子部分约100μm×16μm，孢子单行排列，椭圆形，（18～20）μm×（10～11）μm。侧丝顶部膨大。

（二）麦角菌类

1. 蛹虫草（*Cordyceps militaris*）

蛹虫草别称北冬虫夏草、北虫蛹草、虫草，为子囊菌门、肉座目、麦角菌科、虫草属的模式种，分布于云南、吉林、辽宁、内蒙古等地（图1-47）。

图1-47　蛹虫草图片集锦

　　蛹虫草子座单生或数个一起从寄生蛹体的头部或节部长出，颜色为橘黄或橘红色，全长2～8cm，蛹体颜色为紫色，长1.5～2cm。蛹虫草是一种子囊菌，通过异宗配合进行有性生殖。其无性型为蛹草拟青霉。其子实体成熟后可形成子囊孢子，孢子散发后随风传播，孢子落在适宜的虫体上，便开始萌发形成菌丝体。菌丝体一面不断地发育，一面开始向虫体内蔓延，于是蛹虫就会被真菌感染，真菌将分解蛹体内的组织，以蛹体内的营养作为其生长发育的物质和能量来源，最后将蛹体内部完全分解，菌丝体发育也进入了一个新的阶段，形成橘黄色或橘红色的顶部略膨大的呈棒状的子座（子实体）。

　　2. 冬虫夏草（*Cordyceps sinensis*）

　　冬虫夏草是真菌界、真菌门、子囊菌亚门、核菌纲、球壳目、麦角菌科真菌，是寄生在蝙蝠蛾科昆虫幼虫上的子座及幼虫尸体的复合体。冬虫夏草真菌的菌丝体通过各种方式感染蝙蝠蛾（鳞翅目、蝙蝠蛾科、蝙蝠蛾属昆虫）的幼虫，以其体内的有机物质作为营养能量来源进行寄生生活，经过不断生长发育和分化后，最终菌丝体扭结并形成子座伸出寄主外壳，从而形成一种特殊的虫菌共生的生物体（图1-48）。

图1-48　冬虫夏草图片集锦

冬虫夏草的子座出自寄主幼虫的头部，单生，细长呈棒球棍状，长4～14cm，不育顶部长3～8cm，直径1.5～4cm；上部为子座头部，稍膨大，呈窄椭圆形，长1.5～4cm，褐色，除先端小部外，密生多数子囊壳；子囊壳近表面生基部大部陷入子座中，先端凸出于子座外，卵形或椭圆形，长250～500μm，直径80～200μm，每一个子囊内有8个具有隔的子囊孢子。虫体表面深棕色，断面白色；有20～30环节，腹面有足8对，形略如蚕。

冬虫夏草主产于金沙江、澜沧江、怒江三江流域的上游。东至四川的凉山，西至西藏的普兰县，北起甘肃的岷山，南至喜马拉雅山和云南的玉龙雪山。西藏虫草的产量大约占全国虫草产量的40%，四川虫草的产量大约占全国虫草产量的40%，云南和青海虫草产量各占10%左右。

虫草属蕈菌是指麦角菌科真菌寄生于昆虫，把虫体变成充满菌丝的僵虫，从僵虫前端生出有柄头状或棍棒状的子座。构成了种类繁多的一大类群，在世界范围内分布广泛。

虫草分很多种，分别有冬虫夏草、亚香棒虫草、凉山虫草、新疆虫草、分枝虫草、霍克虫草、蛹虫草、武夷山虫草、龙洞虫草、张家界虫草、大塔顶虫草、多壳虫草、柔柄虫草、下垂虫草、江西虫草、四川虫草、尖头虫草、巴恩虫草、贵州虫草、赤水虫草、革翅目虫草、拟布班克虫草、珊瑚虫草、娄山虫草、鼠尾虫草、绿核虫草、泽地虫草、茂兰虫草、布氏虫草、高雄山虫草（淡黄蛹虫草）、球头虫草、金龟子虫草、螳螂虫草、沫蝉虫草、柄壳虫草、拟茂兰虫草、细虫草）（黑锤虫草）、发丝虫草、金针虫草、日本虫草、辛克莱虫草、喙壳虫草、拟暗绿虫草、峨眉虫草、粉被虫草、大邑虫草、叉尾虫草、桫椤虫草、蜻蜓虫草、蚁虫草、罗伯茨虫草、九州虫草、细柱虫草、戴氏虫草、变形虫草、稻子山虫草、双梭孢虫草、古尼虫草等很多种，广泛意义上的虫草，目前已被报道的有400多种。其中完全野生的冬虫夏草又被专业人士分为青海草、藏草、川草、滇草、甘肃草等。

3. 麦角菌（*Clavieps purpurea*）

麦角菌又称黑麦乌米、紫麦角，是麦角菌科、麦角菌属蕈菌。此菌寄生在黑麦、小麦、大麦、燕麦、鹅冠草等禾本科植物的子房内，将子房变为菌核，形状如同麦粒，故称之为麦角（图1-49）。

图1-49　麦角菌图片集锦

麦角菌菌核长圆柱形，两端角状，坚硬，（10～30）mm×（2～7）mm，平滑，有纵沟，外部紫黑色，内部淡紫色或灰白色，每个菌核产生20～30个子座，有弯曲的细柄，暗褐色。子座近球形，直径1～2mm，红褐色。子囊壳全部埋生于子座内，其孔口稍突出于子座表面，（200～250）μm×（150～175）μm。子囊长圆柱形，（100～125）μm×（4～5）μm，内含8个子囊孢子。子囊孢子丝状，无色，（50～70）μm×1μm。

麦角菌分布于东北、内蒙古、华北及新疆、江苏、浙江、四川等地。寄生于拂子茅属植物及大油芒等禾本科植物上的小头麦角菌的菌核（黑色，角状，长约6mm，直径约0.7mm）也称麦角。

（三）炭角菌类

黑柄炭角菌（*Xylaria nigripes*）

黑柄炭角菌又称黑柄鹿角菌、地炭棍，地下菌核部分则称乌灵参、雷震子、乌丽参，俗名燃香棍（四川），鸡枞香、鸡枞蛋（云南），鸡茯苓、鸡枞茯苓、广茯苓、吊金钟（广东），是炭角菌科、炭角菌属蕈菌。菌核生长在废弃的白蚁窝上。分布于我国江苏、浙江、江西、台湾、广东、四川、西藏、河南、海南、广西、福建等地（图1-50）。

图1-50　黑柄炭角菌图片集锦

黑柄炭角菌分子座和菌核两部分。上部子座单生或分枝，高3～16cm，长棒状或圆柱形，内部实，近白色，外部暗色，灰褐色至黑褐色，顶端纯圆，长1.5～12cm，粗0.2～0.5cm，粗糙。柄长1.3～6cm，粗0.2～0.3cm，有纵皱，基部延伸呈根状。子囊壳突起，半埋生，呈长方椭圆形，（680～780）μm×（310～400）μm，孔口疣状，暗黑色。子囊呈圆筒状。孢子近椭圆形、不等边或半球形，褐色，（4～5.2）μm×（3～3.6）μm，菌丝呈白色毛状、细长。菌核与假根下端相连，卵圆形，表面粗糙，褐色至黑色，外部有一层黑褐色皮部，内部白色，直径（5～7.5）cm×（3～6）cm。

（四）块菌类

松露（*Tuber*）

松露别称地菌、块菌、块菰，是子囊菌门、盘菌目、西洋松露科、西洋松露属蕈菌的总称，有白块菌、黑孢块菌、夏块菌和印度块菌（图1-46）。我国科学家一直在探索寻找意大利白块菌及其近缘种，截至2013年，科研工作组考察了我国10个省，在云南省的34个县进行了细致的野外考察与标本采集，首次确认在中国分布的块菌属种类有41个种，其中发现4个新种，发现12个白块菌新物种。如波氏块菌、中甸块菌以及新近发现的阔孢块菌等，这些白块菌类群具不同的香味。块菌通常是一年生的蕈菌，多数在阔叶树的根部着丝生长，一般生长在松树、栎树、橡树下。散布于树底方圆120～150cm，块状主体藏于地下3～40cm。分布在意大利、法国、西班牙、中国、新西兰等国（图1-51）。

松露食用气味特殊，含有丰富的蛋白质、氨基酸等营养物质。松露对生长环境的要求极其苛刻，不易人工培育，产量稀少，导致了它的珍稀昂贵。因此欧洲人将松露与鱼子酱、鹅肝并列"世界三大珍肴"。在众多种类中，法国产的黑松露与意大利产的白松露评价最高。

图1-51　松露图片集锦

　　松露子实体如块状，小者如核桃，大者如拳头。幼时内部白色，质地均匀，成熟后变成深黑色，具有色泽较浅的大理石状纹理。子囊果球形、椭圆形，棕色或褐色，有的小如豆，也有大如苹果，表面具有多角形疣状物，反射出红色的光泽，顶端有凹陷；其肉（产孢子组织）初为白色，后呈棕色或灰色，成熟时会变为黑色；切面呈褐色，具有大理石样纹，散发出森林般潮湿气味，并带有干果香气，借以引诱小动物前来觅物，将孢子带到他处进行繁殖。松露特别喜欢在松树、橡树、白杨树、柳树、榛树和椴树下生长，松露生长周期只有一年。

第二章

蕈菌的营养、活性成分与功效解析

第一节　蕈菌的营养成分与功效

食用蕈菌营养丰富，美味可口，既能满足人们对营养的需求，又能给人类带来味觉的享受。食用蕈菌除了基本营养成分外，富含多种次生代谢产物、生理活性物质、功效成分，这是蕈菌食疗养生的基础。

食用蕈菌中脂肪的含量较低，而且以不饱和脂肪酸为主，与植物油近似。如香菇、黑木耳、银耳中不饱和脂肪酸含量分别占脂肪中的75%、73.1%、69.2%，其次食用蕈菌中不但不含胆固醇，还含丰富的类甾醇，可以降低血液中胆固醇的含量。

蕈菌一般含有60%左右的碳水化合物。其中纤维素含量为10%～12%，半纤维素含量为13%～32%，不同菌类碳水化合物含量有差异，胶质蕈菌类高于肉质蕈菌类。

蕈菌多糖是由10个以上的单糖以糖苷键连接而成的高分子多聚物，是一类重要的功能物质。目前，对猴头菌多糖、香菇多糖、灵芝多糖、冬虫夏草菌丝多糖、灰树花多糖和姬松茸多糖等蕈菌多糖已有研究。作为高分子化合物，蕈菌多糖结构较复杂。β-（1-3）-D葡聚糖是蕈菌多糖中的活性成分，这些活性多糖成分主链都是由β-（1-3）连接的葡萄糖基组成，沿主链随机分布着由β-（1-6）连接的葡萄糖基。多糖作为一类重要的功能食品因子，广泛存在于蕈菌中，极具研究开发潜力。现已经提取出来并已有研究的蕈菌多糖有香菇多糖、灵芝多糖、毛木耳多糖、冬虫夏草菌丝多糖、银耳多糖、双孢蘑菇多糖、猴头菇多糖、裂褶菌多糖、阿魏侧耳多糖、灰树花多糖、鸡腿菇多糖、姬松茸多糖和竹荪多糖等。

蕈菌富含蛋白质，氨基酸种类丰富，特别是游离氨基酸含量一般可达1%～2%，这些氨基酸具有显著调节机体免疫功能的活性。在蕈菌蛋白中，有众多促进机体新陈代谢和生长发育的酶类。因此，蕈菌可作为优质蛋白质和氨基酸的来源之一。

蕈菌所含的脂类物质主要包括脂肪酸、植物甾醇和磷脂。蕈菌在脂质上有3个突出特点：一是脂质含量较低，为低热量食物，但天然粗脂肪齐全。不同种类或品种的粗脂肪含量不同。二是非饱和脂肪酸的含量远高于饱和脂肪酸，且以亚油酸为主。三是植物甾醇尤其是麦角甾醇含量较高。甾醇类化合物是一类重要的维生素D原，受紫外线照射后转化为维生素D。

蕈菌中含有丰富的维生素类物质，如维生素A、维生素C、维生素E、类胡萝卜素等，尤其富含烟酸、B族维生素，这些维生素具有消除人体自由基、增强免疫力、防止衰老等功效。大多数蕈菌都含有硫胺素、核黄素、泛酸、烟酸、吡哆醇、钴胺素、抗坏血酸、生物素、叶酸、胡萝卜素、维生素E以及麦角甾醇等。蕈菌维生素C的含量与蔬菜相近，其中草菇、猴头菇维生素C含量较高。含维生素A的蕈菌种类较少，但鸡油菌、蜜环菌维生素A含量较高。胶质菌的胡萝卜素、维生素E含量高于肉质菌，而肉质菌中的草菇、香菇维生素总量高于胶质菌。

蕈菌含有人体必需的多种矿质元素，不同菇类所含的矿物质的量及其比例不同。大球盖菇含铁、钙、钾丰富，姬松茸含锌、铜、钙丰富，鸡腿菇含钙、钾丰富，白鲍鱼菇、金针菇、姬菇、杏鲍菇含镁丰富，香菇、银耳、木耳等含有较多的钾、钙、镁等矿物质元素。相对来说，蕈菌中以钾、磷含量最高，其次是钙、镁和铁，再次为锌、铜、锰、钼和硒等。

蕈菌营养成分见图2-1。

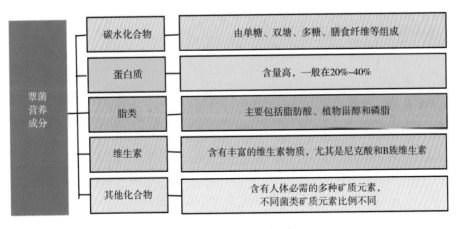

图2-1　蕈菌营养成分图解

一、担子菌

（一）伞菌类

1. 平菇

平菇含丰富的营养物质，每百克干菇含蛋白质25.3g，膳食纤维30.7g。而且氨基酸成分种类齐全，矿物质含量丰富，味美可口。平菇味甘，性微温；入肝、胃经。补脾胃、除湿邪、祛风、散寒、舒筋、活络。常吃平菇具有降低血压和血液中胆固醇的作用，有利于防止血管硬化。平菇多糖能提高机体的免疫力。平菇中活性成分还有助于控制自主神经紊乱，对妇女更年期综合征有辅助康复效果（图2-2）。

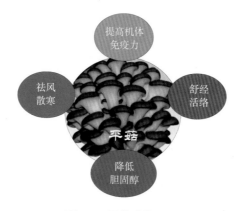

图2-2　平菇功效图解

2. 香菇

香菇营养丰富，素有"菇中皇后""长寿菜"美誉。每百克干菇中含蛋白质20.87g、膳食纤维10.01g、碳水化合物67.50g、脂肪1.92g、灰分5.23g；还含有维生素及矿物质、各种氨基酸，30多种酶以及麦角甾醇、甘露醇、海藻糖、糖原、戊聚糖等营养物质。

香菇中的氨基酸主要由亮氨酸、缬氨酸、天门冬氨酸组成；碳水化合物主要是半纤维素和香菇多糖，半纤维素是由甘露醇、海藻糖、菌糖、葡萄糖、戊聚糖、糖原、甲基戊聚糖等组成；脂肪主要为不饱和脂肪酸，如亚油酸等；此外，香菇还含有少量的胆碱、腺嘌呤及微量三甲胺。

香菇性味甘、平、凉；入肝、胃经。有扶正补虚，健脾开胃，祛风透疹，化痰理气的功效，常食可益力气、抗病、强身体、延缓衰老。研究表明，香菇多糖有辅助调节免疫、解毒、调节血糖和血脂等作用（图2-3）。

扶正补虚，健脾开胃

祛风透疹，化痰理气

促进钙吸收

香菇

抗病、强身体、延缓衰老

有助于调节免疫、解毒

有助于调节血糖、血脂

图2-3　香菇功效图解

3. 口蘑

口蘑菌肉肥厚、质地细腻、味道鲜美。每百克干蘑含蛋白质35.3g，膳食纤维8.8g，碳水化合物53.7g，脂肪2.9g，灰分7.97g，为典型的两高两低食物。口蘑含多种氨基酸、6-甲基1，4-萘醌、8-羟基-3-甲基异香豆素，还含有钙、镁、锌、铁等十几种矿物元素，特别是与人体健康关系密切的钙、镁、锌、铁含量很高。

口蘑味甘、辛，性平；归肺、脾、胃经。能够防止过氧化物损害机体，降低因缺硒引起的血压升高和血黏度增加，调节甲状腺的工作，提高免疫力；口蘑还可抑制血清和肝脏中胆固醇上升，对肝脏可起到良好的保护作用。它还含有多种抗病毒成分，对病毒性肝炎有一定食疗效果；口蘑含大量膳食纤维，具有防止便秘、促进排毒、预防糖尿病及大肠癌的作用。而且口蘑又属于低热量食物，可以防止发胖（图2-4）。

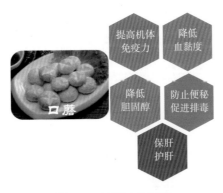

提高机体免疫力

降低血黏度

降低胆固醇

防止便秘促进排毒

保肝护肝

口蘑

图2-4　口蘑功效图解

4. 双孢菇

双孢菇肉质肥厚，鲜美可口，享有"素中之王"美称。深受国际市场的青睐。双孢菇营养成分丰富，每百克干菇中含蛋白质30.25g，膳食纤维11.11g，脂肪2.07g，碳水化合物59.21g，灰分7.03g，有"植物肉"之称。双孢菇含有较多的甘露糖、海藻糖及各种氨基酸类物质，含有人体必需的8种氨基酸，还含有丰富的维生素B$_1$、维生素B$_2$、核苷酸、烟酸、抗坏血酸和维生素D等，其营养价值是蔬菜和水果的4~12倍。

双孢菇性平、味甘；入肠经、胃经、肺经。健脾开胃、平肝提神，对饮食不消、乳汁不足、贫血、神倦欲眠等具有功效作用。双孢蘑菇所含的酪氨酶有明显降低血压作用，多糖的醌类化合物与巯基结合可抑制脱氧核糖核酸合成，有助于提高机体免疫功能，对机体非特异性免疫有促进作用（图2-5）。

图2-5　双孢菇功效图解

5. 金针菇

金针菇营养极为丰富，是世界上著名的食用蕈菌。每百克干菇中含蛋白质31.3g，膳食纤维3.34g，碳水化合物52.7g，脂肪5.78g，灰分7.58g。此外，还含有胡萝卜素、多种氨基酸、植物血凝素、多糖、牛磺酸、香菇嘌呤、麦角甾醇和细胞溶解毒素等。金针菇含有丰富的赖氨酸，具有促进儿童智力发育的功能。

金针菇性寒，味甘，入肝、胃经。科研人员已经从金针菇中分离到具有抗癌活性的化合物，包括金针菇多糖、真菌免疫调节蛋白、甾体化合物、单萜、倍半萜、酚酸、糖蛋白等。这些物质不仅可以预防和治疗肝病及胃、肠道溃疡，而且也适合高血压患者、肥胖者和中老年人食用（图2-6）。

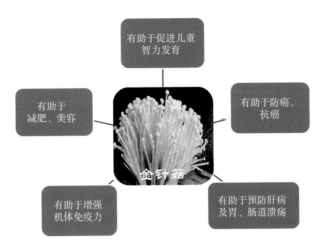

图2-6 金针菇功效图解

6.杏鲍菇

　　杏鲍菇菌肉肥厚，质地脆嫩，特别是菌柄组织致密、结实、乳白，可全部食用，且菌柄比菌盖更脆滑、爽口，被称为"干贝菇"，具有令人愉悦的杏仁香味和如鲍鱼的口感，适合保鲜、加工，深受人们的喜爱。杏鲍菇的营养丰富均衡，是一种高蛋白、低脂肪的营养品。每百克干杏鲍菇含蛋白质15.4g，膳食纤维5.4g，脂肪0.55g，碳水化合物52.1g，灰分4.51g。杏鲍菇多糖主要由甘露糖和葡萄糖组成，不仅能降低机体胆固醇含量，防止动脉硬化，还能增强肌体免疫机能。

　　杏鲍菇性凉、味甘，归肝、胃经；有益气、杀虫和美容作用，可促进人体对脂类物质的消化吸收和胆固醇的溶解，是老年人与肥胖症患者理想的食品。杏鲍菇有助于胃酸分泌及消化，有助于提高机体免疫功能，有消食、促消化及美容养颜的作用（图2-7）。

图2-7 杏鲍菇功效图解

7. 白灵菇

白灵菇肉质细嫩，美味可口，具有较高的食用价值，被誉为"草原上的牛肝菌"，颇受消费者的青睐。白灵菇营养丰富，每百克干白灵菇含蛋白质25.6g，脂肪0.77g，灰分3.69g，膳食纤维6.7g，碳水化合物49.7g，维生素C 26.6mg，维生素E大于0.02mg。白灵菇含有17种氨基酸，其中人体必需的8种氨基酸占氨基酸总量的35%。白灵菇含有较多的阿魏多糖，野生白灵菇具有与中药阿魏相同的医药疗效（图2-8）。

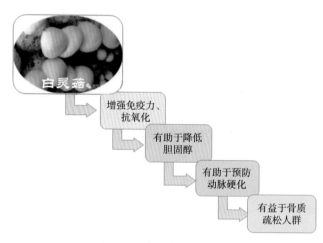

增强免疫力、抗氧化

有助于降低胆固醇

有助于预防动脉硬化

有益于骨质疏松人群

图2-8　白灵菇功效图解

8. 鸡腿菇

鸡腿菇是一种世界性分布的食用菌，肉质细嫩、鲜美可口，被世界卫生组织及联合国粮农组织确定为集"天然、营养、强身"为一体的16种珍稀食用菌之一，是近年来人工开发的具有商业潜力的珍稀食用菌之一。

经测定每百克干鸡腿菇含蛋白质24.5g，膳食纤维2.78g，碳水化合物57.65g，脂肪2.82g，灰分10.8g。鸡腿菇含有20种氨基酸，总量17.2%。人体必需氨基酸8种全部具备，占总量的34.83%。鸡腿菇中赖氨酸和亮氨酸的含量尤其丰富，经常食用，可增强人体免疫力。

鸡腿菇味甘，性平，入胃、心经。有益脾胃、清心宁神、助消化、增食欲的作用。鸡腿菇可改善消化不良，精神疲乏和痔疮等症。鸡腿菇含特殊的抗癌活性物质和改善糖尿病的有效成分，长期食用对降低血糖浓度、辅助治疗糖尿病有良好的效用（图2-9）。

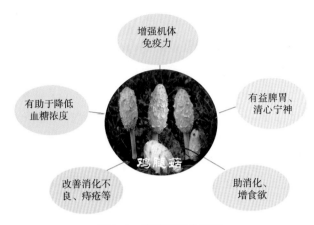

图2-9 鸡腿菇功效图解

9.草菇

草菇是一种热带亚热带菇类。肥大、肉厚、柄短、爽滑，味道极美，经测定每百克干菇中含蛋白质35.1g，膳食纤维20.8g，碳水化合物35.1g，脂肪2.6g，是典型的两高两低的功能食品。

草菇性寒，味甘微咸，入脾、胃经。草菇能促进人体新陈代谢，提高机体免疫力；有解毒作用，可与铅、砷等结合，并随小便排出（图2-10）。

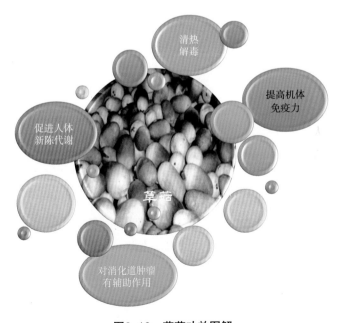

图2-10 草菇功效图解

10.茶树菇

茶树菇菌盖细嫩、柄脆、味纯香、鲜美可口，是一种集高蛋白、低脂肪、低糖于一身的食用蕈菌，其味道鲜美，脆嫩可口，是美味珍稀的食用菌之一。茶树菇每百克干菇中含蛋白质26.2g，膳食纤维10.7g，脂肪2.0g，碳水化合物46.7g，灰分4.2g。茶树菇含有人体所需的18种氨基酸，特别是含有人体所不能合成的8种氨基酸，还含有丰富的B族维生素和多种矿物质元素，如铁、钾、锌、硒等，是高血压、心血管和肥胖症患者的理想食品。茶树菇味甘，性温，入脾、胃、肾经，有补肾、利尿、治腰酸痛、渗湿、健脾、止泻等功效（图2-11）。

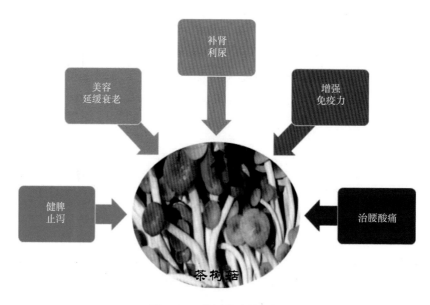

图2-11 茶树菇功效图解

11.蜜环菌

蜜环菌营养丰富，每百克干菇中含蛋白质17.6g，脂肪3.7g，碳水化合物21.5g，纤维素10.4g。子实体中还含D-苏来醇和维生素A等，经常食用蜜环菌可预防视力减退、夜盲、皮肤干燥，并可增强人体对某些呼吸道及消化道传染病的抵抗力。蜜环菌味甘、性平，入肝经，祛风通络，强筋壮骨，对改善肢体麻木及腰腿疼痛症有效（图2-12）。

图2-12 蜜环菌功效图解

12. 松茸

松茸营养丰富，是世界上珍稀名贵的天然食药用蕈菌、中国二级濒危保护物种，被誉为"菌中之王"。每百克干松茸中含蛋白质20.3g，膳食纤维47.8g，脂肪3.2g，碳水化合物48.2g，还含有丰富的维生素B$_1$、维生素B$_2$、维生素C、烟酸、钙、磷、铁等。

松茸性温味淡，入肾、胃二经，具有强身、益肠胃、止痛、理气化痰、驱虫等功效。松茸含有18种氨基酸、14种人体必需微量元素、49种活性营养物质、5种不饱和脂肪酸、8种维生素、2种糖蛋白和多种活性酶（图2-13）。

图2-13 松茸功效图解

13. 姬松茸

姬松茸又名巴西蘑菇，姬菇，口感脆嫩，味纯鲜香，食用价值颇高。每百克姬松茸含蛋白质36.8g，膳食纤维6.5g，碳水化合物40.2g，脂肪2.4g，灰分7.4g，还含有钾、磷、镁、钙、钠、铜、硼、锌、硒、铁、锰、钼、锗等多种矿质元素。姬松茸菌蛋白质组成中包括18种氨基酸，人体的8种必需氨基酸齐全，还含有多种维生素和麦角甾醇。子实体和菌丝体中糖类和蛋白质含量高。姬松茸脂肪主要由亚油酸为主的不饱和脂肪酸组成，占总量的70%～80%。姬松茸多糖主要是甘露聚糖。

姬松茸性平，味甘，归心、肺、肝、肾经。姬松茸能增强人体的自身免疫功能，促进人体骨髓的造血功能。姬松茸所含的多糖类和类固醇，可直接提升免疫细胞的活性，对多种肿瘤细胞有明显的抑制作用（图2-14）。

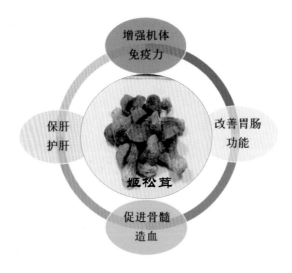

图2-14　姬松茸功效图解

14. 牛肝菌属

牛肝菌香味独特、营养丰富，是一种世界性著名蕈菌。据分析，每百克干菌中含蛋白质17.89g，碳水化合物64.2g，膳食纤维9.37g，脂肪8.4g，灰分9.06g，钙23mg，磷500mg，铁50mg，维生素B_2 3.68mg。

牛肝菌性温、味微甘，入肝、脾经，有消食和中、祛风寒、舒筋络功效（图2-15）。

图2-15 牛肝菌功效图解

15. 鸡枞菌

鸡枞菌香味浓郁，味道鲜美，是著名的野生食用蕈菌之一。鸡枞菌营养丰富，每百克干菌中含蛋白质34.9g，膳食纤维13.9g，脂肪3.4g，灰分7.73g。蛋白质中含有20多种氨基酸，其中人体必需的8种氨基酸种类齐全。

鸡枞菌味甘、性平，入脾、胃、大肠经。鸡枞菌含有麦角甾醇及多种维生素，具有提高机体免疫力，调节血糖等作用（图2-16）。

图2-16 鸡枞菌功效图解

16. 红菇

红菇属菌根菌，是一种名贵的野生食用蕈菌。每百克干菇中含蛋白质24.4g，膳食纤维31.6g，脂肪2.8g，碳水化合物19.3g，还含有多种矿物质，维生素（B族维生素、维生素D、维生素E、胡萝卜素、视黄醇、维生素A、维生素C）

及铁、锌、硒、锰等微量元素。经常食用，可增强机体免疫力，补肺益肾，有助于改善消化不良，使人皮肤细润，精力旺盛（图2-17）。

图2-17　红菇功效图解

17. 黄伞菇

黄伞菇黏滑爽口，味道鲜美，风味独特，营养丰富。每百克干菇中含蛋白质22.8g，膳食纤维28.1g，脂肪3.2g，碳水化合物57.5g，维生素B$_1$ 0.17mg，维生素B$_2$ 1.93mg，维生素B$_6$ 0.12mg，烟酸41.38mg，生物素31.7μg，在提高免疫功能、降糖消渴、缓解心律失常等方面有显著效果，是目前最具开发潜力的食药用蕈菌之一（图2-18）。

图2-18　黄伞菇功效图解

18. 大白桩菇

大白桩菇肉质肥厚，口感嫩脆爽滑，香味浓郁，可烹饪多种荤素名肴。每百克干菇中含蛋白质35.3g，膳食纤维8.8g，粗脂肪2.91g，碳水化合物53.7g，灰分7.97g。长期食用可增加对感冒等病毒性疾病的抵抗力（图2-19）。

图2-19　大白桩菇功效图解

（二）多孔菌类

1. 灰树花

灰树花食、药兼用，子实体肉质，婀娜多姿、层叠似菊；气味、清香四溢，沁人心脾。灰树花富含丰富的蛋白质、碳水化合物、膳食纤维、维生素、多种微量元素和生物素。每百克干品中含蛋白质25.2g，碳水化合物21.4g，膳食纤维33.7g，脂肪4.0g，灰分5.1g，维生素E 109.7mg，维生素B_1 1.47mg，维生素B_2 0.72mg，维生素C 17.0mg，胡萝卜素4.5mg，多种营养素居各种食用菌之首。无机元素中以钾、磷、镁含量最高，其次是锌、钠、铁和钙。灰树花还含有有机酸，包括乙酸、乳酸、甲酸、苹果酸、柠檬酸、琥珀酸、富马酸和草酸。灰树花味甘性平，入肝、肺经，益气健脾（图2-20）。

图2-20　灰树花功效图解

2.猴头菇

猴头菇是中国传统的名贵菜肴，是四大名菜（猴头、熊掌、燕窝、鱼翅）之一，其肉嫩、味香、鲜美可口，有"素中荤"之称。每百克猴头菇干品含蛋白质26.9g，脂肪2.38g，膳食纤维9.93g，碳水化合物45.16g，灰分13.07g。猴头菇营养丰富，高蛋白、低脂肪、富含多种维生素，是良好的滋补食品。

猴头菇味甘性平，入脾、胃、心经。猴头菌提取物可治疗胃黏膜损伤、慢性萎缩性胃炎，而且能显著提高幽门螺旋杆菌根除率及溃疡愈合率（图2-21）。

图2-21　猴头菇功效图解

3.鸡油菌

鸡油菌含有丰富的蛋白质、氨基酸、脂肪、碳水化合物、维生素、胡萝卜素、粗纤维和钙、铁、磷等多种矿物质营养成分。

鸡油菌可以润肺止咳、明目、通便，可以有效地改善视疲劳，对于缺铁性贫血也有一定的改善作用（图2-22）。

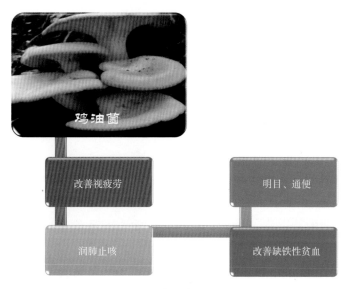

图2-22　鸡油菌功效图解

4. 绣球菌

绣球菌是一种珍稀名贵的食用蕈菌，在西欧各国极为畅销。绣球菌含有大量的维生素C、维生素E，此外还有大量的抗氧化物质，被众人称之为是纯天然美容产品，经常食用对人体的肌肤有非常大的好处；对于老年人来说，经常食用绣球菌，可以有效地预防老年人骨质疏松。

绣球菌含有大量β-葡聚糖。根据日本食品分析中心的分析结果，每百克绣球菌含有的β-葡聚糖高达43.6g，β型葡聚糖是一种生物活性物质，具有免疫调节、抗辐射、调节血糖、调节血脂、保肝护肝等多种功能。绣球菌含有丰富的维生素C和维生素E和矿物质，其中维生素E含量位居菌藻类食物前列。

绣球菌还含有麦角固醇，在阳光和紫外线照射下可转变为维生素D，能促进钙、磷吸收，有利于骨骼形成。绣球菌含有相当高的钾元素，而钠的含量较低，是典型的高钾低钠食用菌。这种高钾低钠食品有利尿作用，对高血压患者十分有益。绣球菌中超氧化物歧化酶的含量位居各种食用蕈菌之首（图2-23）。

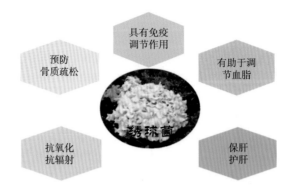

图2-23　绣球菌功效图解

5.牛舌菌

　　牛舌菌肉质细嫩、营养丰富、味道鲜美、滑嫩松软、拥有可口的香甜味及舒适的胶质感，是一种珍稀的食药兼用蕈菌。牛舌菌是一种能滋补身体的菌类食材，它的营养价值特别高，不但含有蛋白质和脂肪，还含有多糖、多种氨基酸，矿物质及维生素，人们食用以后可以快速吸收这些营养成分，加快身体代谢，对人类的身体虚弱有很好的缓解作用。牛舌菌中含有大量的明胶和木糖以及阿拉伯糖，可以提高人体免疫细胞的活性，减少病毒对人体的细胞伤害，可以预防细胞癌变。牛舌菌性质温和，能滋阴养肺，对人类因肺热引起的气管炎以及咳嗽和气喘等症都有很好的调理作用，另外牛舌菌还能排毒，它含有的天然胶质能让人体内积存的毒素吸附在它的表面上，随大便排出体外，平时经常食用能排毒养颜，也能延缓衰老（图2-24）。

图2-24　牛舌菌功效图解

（三）胶质菌类

1. 黑木耳

黑木耳味道鲜美、营养丰富，具有很高的食用和药用价值。每百克黑木耳干品中含蛋白质17.7g，碳水化合物44g，膳食纤维6.12g，粗脂肪2.59g，灰分5.99g，维生素B_1 0.2mg，维生素B_2 0.60mg，维生素C 6.95mg，钙237mg，磷232.6mg，铁16.6mg。

黑木耳子实体中含有的木耳多糖是由几种不同组分的多聚糖构成。黑木耳性味甘平，入胃、小肠经。黑木耳中的胶质，有润肺和清涤胃肠的作用，能把残余人体内消化系统中的灰尘、杂质集中起来，排出体外，是各类人群的良好功能食品。黑木耳还有一种类核酸物质，可以降低血中的胆固醇和甘油三酯水平，对冠心病、动脉硬化患者颇有益处（图2-25）。

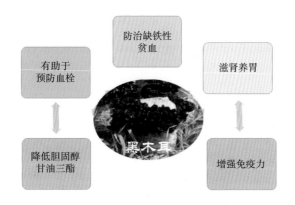

图2-25　黑木耳功效图解

2. 银耳

银耳是我国传统的食用蕈菌，是一种极其名贵的滋补佳品，历代皇家贵族均把银耳看作延年益寿之品。银耳含蛋白质、脂肪、粗纤维、钙、硫、磷、铁、镁、钠、钾、维生素、多糖等营养成分。

银耳性温，味甘。入肺、胃、肾经，有滋补生津、润肺养胃等功效。银耳多糖是银耳最重要的组成成分，占其干重60%～70%，能够增强人体免疫功能，起到扶正固本作用，同时银耳富含胶原蛋白，修复黏膜作用明显。银耳多糖是银耳中主要活性成分除葡聚糖外，银耳中还含有海藻糖、多缩戊糖、甘露醇等多糖，营养价值很高，具有扶正强壮的作用，是一种高级滋养补品（图2-26）。

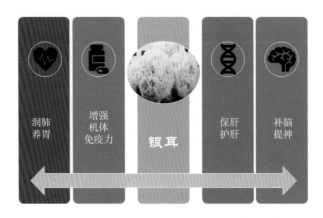

图2-26　银耳功效图解

3. 竹荪

竹荪是世界著名的食用蕈菌，营养丰富，每百克竹荪含蛋白质36.0g，膳食纤维9.05g，脂肪2.09g，碳水化合物40.54g，灰分11.14g。竹荪富含多种氨基酸、维生素、无机盐等。竹荪味甘、性微寒，入胃、大肠经，具有补气养阴，润肺止咳，清热利湿的功效（图2-27）。

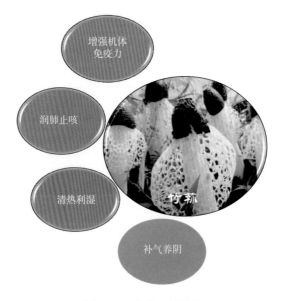

图2-27　竹荪功效图解

二、子囊菌

羊肚菌

羊肚菌是世界上珍贵的稀有食用菌之一，其香味独特，营养丰富，每百克羊肚菌干品含蛋白质26.9g，膳食纤维12.9g，脂肪7.1g，碳水化合物30.8g，还含有大量人体必需的矿质元素及维生素B_1、维生素B_2、维生素B_{12}、烟酸、泛酸、生物素、叶酸等维生素，是国际级的"健康食品"，功能齐全，食效显著。

羊肚菌性平、味甘，入脾、胃经，具有益肠胃、助消化、化痰理气、补肾、壮阳、补脑、提神的功效。经常食用对改善脾胃虚弱、消化不良、痰多气短、头晕失眠有良好的辅助效果。

羊肚菌多糖具有增强机体免疫力、抗疲劳、抗病毒、抑制肿瘤等诸多作用，羊肚菌提取液中含酪氨酸酶抑制剂，可以有效地抑制脂褐质的形成。羊肚菌所含丰富的硒是人体红细胞谷胱甘肽过氧化酶的组成成分（图2-28）。

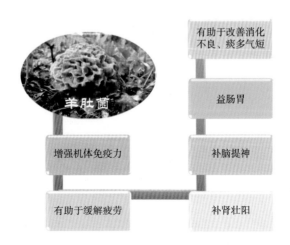

图2-28　羊肚菌功效图解

第二节　蕈菌的活性成分与功效

蕈菌中三萜类物质是最重要的活性物质之一，如灵芝酸。从灵芝中分离出100多种萜类化合物，它们由数个异戊烯首尾连接而成，大部分为30个碳原子、部分为27个碳原子组成。灵芝酸具有较强的药理活性，能降低血脂、护肝排毒、抗氧化、抗菌消炎、抑制肝脏肿瘤细胞，还有止痛、镇静等功效，对免疫、心血管、神经系统等具有调节功能。

蕈菌核酸降解物包括环磷酸腺苷（cAMP）、环磷酸胞苷（cCMP）、环磷酸鸟苷（cGMP）。其中，能够调节代谢的活性物质是环磷酸腺苷（cAMP），对细胞生长和细胞分化有明显抑制作用，可用于抑制肿瘤生长，治疗牛皮癣和冠心病等。

蕈菌所含的脂类物质主要包括脂肪酸、植物甾醇和磷脂。蕈菌在脂质上有3个突出特点：一是脂质含量较低，为低热量食物，但天然粗脂肪齐全。不同种类或品种的粗脂肪含量不同；二是非饱和脂肪酸的含量远高于饱和脂肪酸，且以亚油酸为主；三是植物甾醇尤其是麦角甾醇含量较高。甾醇类化合物是一类重要的维生素D原，受紫外线照射后转化为维生素D。

蕈菌生物碱是蕈菌的一类重要代谢产物。已经分离得到的化合物可以分为两大类型：吲哚类生物碱和嘌呤类生物碱。吲哚类生物碱主要有麦角类生物碱、麦角新安碱、麦角胺、麦角异胺、麦角生碱、麦角异生碱。子囊菌类的麦角菌中吲哚类生物碱含量较高，此类物质对治疗偏头痛、心血管等疾病均有显著的疗效。嘌呤类物质是蕈菌新陈代谢过程中一类重要产物，具有降血脂、降胆固醇和杀菌作用。蕈菌活性成分与功效图解见图2-29至图2-31。

图2-29　蕈菌活性成分图解

图2-30　蕈菌功效图解一

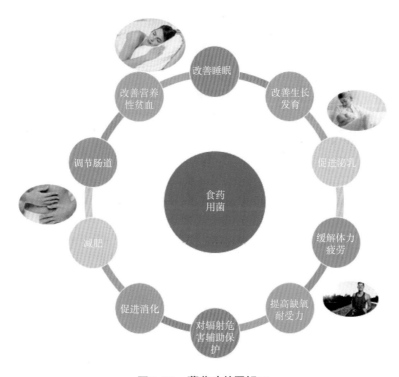

图2-31　蕈菌功效图解二

一、担子菌

（一）伞菌类

1. 安络小皮伞

安络小皮伞含多糖、氨基酸、腺苷、甘露醇、胆固醇醋酸酯、倍半萜内酯、有机酸、异香豆素、三十碳酸、2、3、5、6-四氯-1,4-二甲氧基、B-谷甾醇、棕榈酸酯、5,8-过氧麦角固醇、B-谷固醇、麦角固醇、总生物碱等成分。有镇痛作用的成分为三十碳酸、2、3、5、6-四氯-1,4-二甲氧基、倍半萜内酯、麦角固醇。

安络小皮伞微苦，温，入肝经，有活血止痛作用。对跌打损伤、骨折疼痛、偏头痛、各种神经痛、腰腿疼痛、风湿痹痛以及麻风病引起的关节痛、麻风性神经痛、坐骨神经痛、三叉神经痛、风湿性关节痛等有一定的作用（图2-32）。

· 增强机体免疫力

· 活血止痛

· 对跌打损伤，骨折疼痛，神经痛，风湿性关节炎等有一定的作用。

安络小皮伞

图2-32　安络小皮伞功效图解

2. 雷丸

雷丸的主要成分是雷丸蛋白酶——雷丸素，为驱虫的有效成分。浸出液在体外实验中有驱绦虫作用，乙醇提取液对蛔虫有明显的抑制作用；煎剂有抗阴道滴虫的作用。

雷丸味微苦，性寒，入胃、大肠经，有杀虫消积消肿功效。有关研究发现雷丸素无论是肌内注射，还是腹腔注射，对小鼠肉瘤180均有抑制作用（图2-33）。

图2-33　雷丸功效作用图解

3.亮菌

亮菌的活性成分为亮菌多糖及多肽。亮菌味苦，性寒，入肝、胆经，有清热解毒功效。

亮菌含有亮菌甲素——3-乙酰基-5-羟甲基-7-羟基香豆素，为一种新的香豆素化合物，有抗肿瘤、抗辐射、抗菌、促进胆汁分泌、降压等作用。亮菌多糖在预防辐射，增强人体免疫力方面具有独特作用，成为生物抗辐射的新亮点（图2-34）。

图2-34　亮菌功效图解

（二）多孔菌类

1. 灵芝

灵芝是一种药食两用蕈菌，在中国已有两千多年的药用史，古时亦称神芝、芝草和仙草。通用为赤芝和紫芝2种。

灵芝味甘、性平，入心、肺、肝、肾经，有补气安神，止咳平喘功效。灵芝含多糖、核苷类、呋喃类、甾醇类、生物碱、三萜类、油脂类、多种氨基酸及蛋白质类、酶类、有机锗及多种微量元素等。灵芝多糖具有免疫调节、降血糖、降血脂、抗氧化、抗衰老及抗肿瘤作用。三萜类化合物能净化血液，保护肝功能（图2-35）。

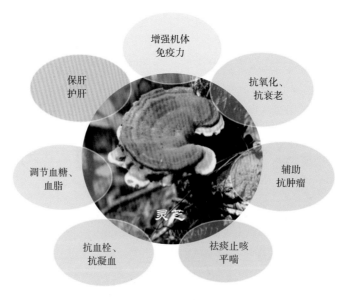

图2-35　灵芝功效图解

2. 茯苓

茯苓是我国传统中药，是多种方剂及中成药的原料，民间有"十药九茯苓"一说。茯苓含有茯苓多糖、茯苓酸、脂肪酸、卵磷脂、腺嘌呤、蛋白酶、三萜类化合物等物质，有利尿、抗菌、扶脾益气、助消化、增强免疫力、抗肿瘤、造血、镇静、保肝脏等作用（图2-36）。

图2-36　茯苓功效图解

3.槐栓菌

槐栓菌的子实体——槐耳,为传统中药。槐耳苦、辛,性平,入肝、脾、大肠经,能治风、破血、益力、清热泻火、消炎解毒。槐耳菌质所含有多糖蛋白,对消化系统、呼吸系统、血液系统肿瘤及其他部位肿瘤有良好的治疗作用,可增强机体免疫功能(图2-37)。

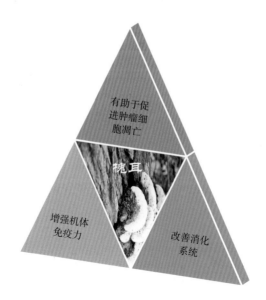

图2-37　槐耳功效图解

4. 云芝

云芝味甘、淡，微寒，入肝、脾、肺经，有健脾利湿，清热解毒的功效。

云芝含有多糖类、酚类、蒽醌类、氨基酸以及有机酸等多种成分。云芝多糖主要含D-葡萄糖，含有β-1, 3及β-1, 6支链，由糖苷键连接而成。野生云芝多糖为单纯的葡萄糖，而发酵云芝多糖中除大部分为葡萄糖外，还有一些与葡萄糖近似的糖类。

我国古代中医药典对云芝的功效作用早有记载，云芝富含多糖，可增强人体抵抗力，抗肿瘤，抗动脉粥样硬化，改善中枢神经系统，对慢性支气管炎症及气管扩张、迁延性慢性肝炎等具有一定作用。从云芝子实体中提取的多糖，均具有清热、解毒、消炎、辅助抗肿瘤、保肝等功效（图2-38）。

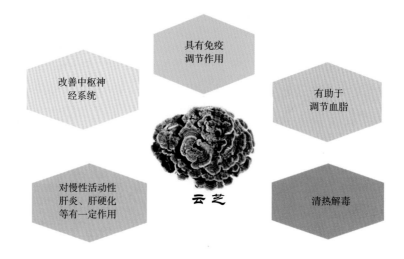

图2-38　云芝功效图解

5. 树舌

树舌味微苦，性平，入脾、胃经，有消炎抗癌功效，多用于咽喉炎，食管癌，鼻咽癌的治疗。

树舌灵芝富含多种营养和活性成分，如多糖、甾体化合物、三萜、脂类、氨基酸、多肽、生物碱类、酚类、内酯、香豆素类和甙类以及微量元素等，有增强免疫机能、抗肿瘤、排毒护肝、抑菌、抗血栓、调节血压、降血脂、抗动脉硬化等功效和作用（图2-39）。

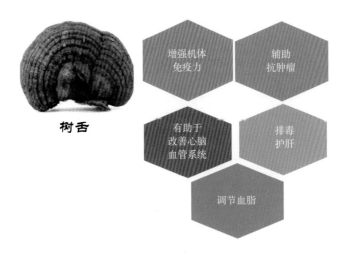

图2-39　树舌功效图解

6. 猪苓

猪苓含蛋白质、麦角甾醇、粗纤维、猪苓酸A.C.、猪苓多糖、土莫酸、猪苓酮A.B、乙酸丁香酮等，还含游离及结合型生物素、2-羟基-二十四烷酸等成分。猪苓多糖是猪苓抗肿瘤作用的主要有效成分。最近，从猪苓菌核的乙酸乙酯提取物中分离出8种具有抗炎活性的麦角甾烷-型蜕皮固醇，其中3种为新化合物。

猪苓味甘、淡，平；入心、脾、胃、肺、肾经；有利水渗湿功效（图2-40）。

图2-40　猪苓功效图解

7. 牛樟芝

牛樟芝味辛、苦、微甘，性寒；入肝、胆、肺经；有清热解毒、消痈散结、利咽、清肝泻火、散瘀止痛等功效。

牛樟芝含有三萜类化合物、多醣体、超氧歧化酶、腺苷、蛋白质、维生素、微量元素、核酸、凝集素、氨基酸、固醇类和木质素等多种营养及生理活性成分。具有增强机体免疫功能、抗过敏、抑制血小板凝集、降胆固醇、抗细菌、保护肝脏等功效和作用（图2-41）。

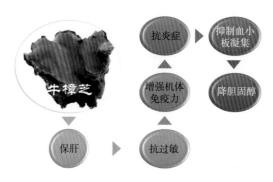

图2-41　牛樟芝功效图解

8. 桦褐孔菌

桦褐孔菌中含有多糖类、三萜类、甾体类、多酚类、黄酮类化合物及木质素等200多种营养物质与活性成分，具有降血糖、抗氧化、抗衰老、抗病毒、降血脂等功效和作用（图2-42）。

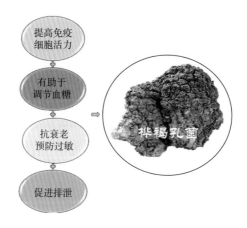

图2-42　桦褐孔菌功效图解

9. 木蹄层孔菌

木蹄层孔菌味苦，性平；入脾、胃经；消积，化瘀。

木蹄层孔菌含7，22-麦角甾二烯-3-酮，辅酶Q9，乙酰齐墩果酸，麦角甾醇，5α，8α-环二氧-6，22-麦角甾二烯-3β醇，白桦脂醇，4，6，8（14），22-麦角甾四烯-3-酮，5，6-二四氧基2-苯并[c]呋喃酮，6-甲酰基2-苯并[c]呋喃酮等化学物质和活性成分，有抗疲劳、提高免疫力等作用（图2-43）。

图2-43　木蹄层孔菌功效图解

10. 桑黄

桑黄味微苦、性寒、入肝、肾经、有活血、止血、止泻功效，用于血崩、血淋、脱肛泻血、带下、经闭、症瘕积聚、癖饮、脾虚泄泻。

桑黄含有多糖、黄酮、三菇类、香豆素、麦角甾醇、落叶松覃酸、脂肪酸、芳香酸和氨基酸及多种酶类，具有免疫调节、抑菌、消炎、抗氧化、保肝护肝、降血糖、降血脂、抗纤维化等功能与作用（图2-44）。

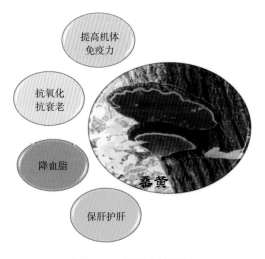

图2-44　桑黄功效图解

11. 白囊耙齿菌

白囊耙齿菌味甘、淡、性寒，入肾、膀胱经，有渗湿利水、泄热等功效。

白囊耙齿菌含有皂苷、多糖、多肽等营养与活性成分，具有调节免疫、抗炎功能与作用，对尿少、浮肿、腰痛、血压升高等症状有疗效。以其菌丝发酵提取物开发的药物已用于治疗肾小球肾炎所致的各种症状（图2-45）。

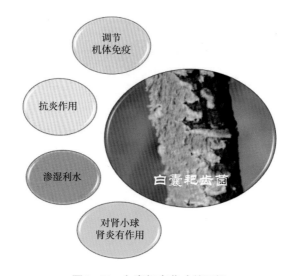

图2-45　白囊耙齿菌功效图解

（三）胶质菌类

1. 毛木耳

毛木耳含丰富的蛋白质、膳食纤维、胡萝卜素以及钾、钙、铁、锌等多种矿物元素。毛木耳可药用，其功效与木耳近似。毛木耳具有较高的药物价值，它具有滋阴强壮、清肺益气、补血活血、止血止痛等功用，是纺织和矿山工人很好的功能食品。毛木耳背面的茸毛中含有丰富的多糖，是抗肿瘤活性最强的药用蕈菌之一。不少学者认为纤维素是保持人体健康所必需的营养素，毛木耳的质地比黑木耳稍粗，粗纤维的含量也较高，对消化、吸收和代谢有促进作用。

毛木耳味甘、性平，入肺、肾、肝三经；补益气血、润肺止咳、止血。用于气血两亏、肺虚咳嗽、咳嗽、咯血、吐血、衄血、崩漏及痔疮出血等症（图2-46）。

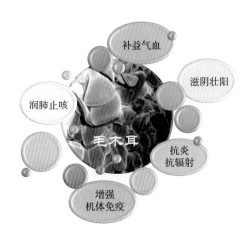

图2-46　毛木耳功效图解

2. 金耳

金耳气味清香、食味鲜美，是食药兼用蕈菌。每百克干耳中含蛋白质12.8g，粗纤维12.9g，粗脂肪2.6g，还含有铁、磷以及镁和钙与钾等多种微量元素与多种维生素。能补中益气，缓解身体虚弱，可以增强体质，也能让人们快速恢复体力。

金耳含有一些天然的免疫成分能促进人体细胞代谢，提高身体的免疫功能。另外金耳还是一种可以美容的特色食材，它含有大量的胶质成分，能加快皮肤细胞代谢，可以延缓皮肤衰老，能减少皱纹生成，也能有效的细嫩肌肤，让人们的皮肤变得越来越好。

金耳味甘，性温；入肺、肝、肾经；有滋阴清肺、生津止渴、补肾护肝功效。主虚劳咳嗽、痰中带血、津少口渴、骨蒸潮热、盗汗等症（图2-47）。

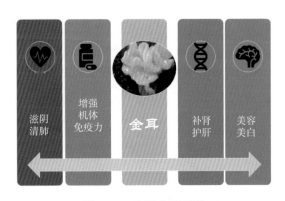

图2-47　金耳功效图解

（四）腹菌类

马勃

马勃含抗菌成分为马勃酸、苯基氧化偶氮氰化物、类固醇二聚体。此外，还含有氨基酸、磷酸盐、麦角甾-5，7，22-三烯-3β-醇、23-二烯-3β，25-二醇-22-乙酸酯、β-谷固醇、麦角甾-7，22-二烯-3，6、二酮、麦角甾-5，7，22-三烯-3-醇、马勃素等成分。

马勃的临床药理作用主要有抗炎、抗肿瘤、抗氧化、对菜虫的毒杀、止血等作用，目前临床上用于创伤出血和外科手术止血的剂型有马勃粉、马勃绷带、马勃菌丝海绵及马勃纱布，马勃有机械性止血作用，对口腔出血有明显的止血作用，疗效不亚于淀粉海绵或吸收性明胶海绵，其缺点是不被组织吸收，故不宜做组织内留存止血或无效腔填塞用。马勃的水浸剂对奥杜盎氏小芽孢癣菌、铁锈色小芽孢癣菌等皮肤真菌均有不同程度的抑制作用（图2-48）。

图2-48 马勃功效图解

二、子囊菌

（一）麦角菌类

1. 蛹虫草

蛹虫草已于2009年3月被卫生部批准为新资源食品。蛹虫草味甘、性平，入肺、肾二经，有益肺肾、补精髓，止血化痰的功效。既能补肺阴，又能补肾阳，主治肾虚、阳痿遗精、腰膝酸痛、病后虚弱、久咳虚弱、劳咳痰血、自汗盗汗等症。蛹虫草含有虫草素、虫草酸、多糖、多肽、凝集素、纤溶酶、超氧化歧化酶、类胰岛素蛋白、黄酮类物质、胡萝卜素等活性成分及硒元素，有增强人体免疫功能、抗疲劳、耐缺氧、抗衰老、抗惊厥及镇静、保护心脑血管系统等作用（图2-49）。

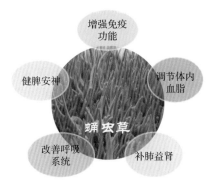

图2-49　蛹虫草功效图解

2. 冬虫夏草

冬虫夏草是我国传统的名贵中药材。每百克冬虫夏草含蛋白质20.9g，膳食纤维20.1g，脂肪4.7g，蛋白质中含有65mg/g的超氧化物歧化酶（SOD），具有清除氧自由基、保护细胞和组织免受阴离子损伤、抗衰防老的作用。

冬虫夏草性平、味甘，入肺、肾经；具有补肾、补肺、止咳化痰、改善消化不良、抗衰老等功效。用于肾虚精亏、阳痿遗精、腰膝酸痛、久咳虚喘、劳嗽咯血等症。冬虫夏草除了明显的滋补作用外，还具有调解中枢神经系统及调节性功能等作用（图2-50）。

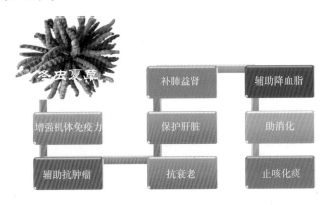

图2-50　冬虫夏草功效图解

（二）炭角菌类

黑柄炭角菌

黑柄炭角菌的菌核——乌灵参，幼嫩时美味可口，是一种名贵的中药。构成蛋白质的20种氨基酸，黑柄炭角菌就有17种，并含有大量的谷氨酸和较多的赖氨酸。该菌菌体含蛋白质30.5%，其中有7种必需氨基酸占氨基酸总量的39.1%，半必需的氨基酸占总量7.2%。人体必需的18种矿物元素，该菌中含16种，包括人体易缺乏的锌、钙、铁、锰等元素。

乌灵参味甘，性平；归经入心、肝经；具补气固肾、健脾除湿、镇静安神之功效。对脾虚少食、产后及术后失血过多、产后少乳、胃下垂、病气、心悸失眠、小儿惊风及跌打损伤等症有效（图2-51）。

黑柄炭角菌具有α受体拮抗、利尿、抗炎以及降低血清尿素氮的作用。

·补气固肾
·健脾除湿

·提高机体免疫力
·调节中枢神经系统

·跌打损伤
·小儿惊厥

图2-51　黑柄炭角菌功效图解

（三）块菌类

松露

松露与鱼子酱、鹅肝并列"世界三大珍肴"。

松露营养丰富。以黑松露为例，不仅含有丰富的蛋白质、18种氨基酸、不饱和脂肪酸、多种维生素、锌、锰、铁、钙、磷、硒等必需微量元素，而且富含鞘脂类、脑苷脂、神经酰胺、三萜、雄性酮、腺苷、松露酸、甾醇、多糖、多肽等大量的代谢产物，具有极高的营养价值。

黑松露味甘性平，入肾、肝、脾、大肠经，有健胃，益气，补肾的功效。能够提高睡眠质量，对于疲乏无力、腰背酸痛、失眠多梦、面色灰暗、心烦胸闷、体质下降、食欲不佳等症状有很好的辅助作用。

黑松露雄性酮有助阳、调理内分泌的显著功效；鞘脂类化合物在防止老年痴呆、动脉粥样硬化以及抗肿瘤细胞毒性方面有明显活性；多糖、多肽、三萜具有增强免疫力、抗衰老、抗疲劳等作用（图2-52）。

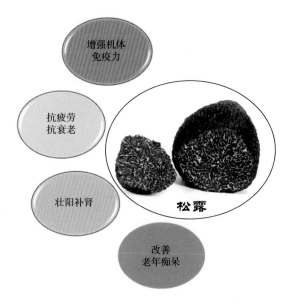

图2-52　松露功效图解

第三章
蕈菌的开发利用

第一节　蕈菌开发利用的进程

一、蕈菌开发利用的文字记载

人类对蕈菌的认识和利用是一个循序渐进的过程，由无知到感知，从知之不多到逐步认识，从发现到挖掘，从探索到利用，沿着人类演进和社会发展的足迹一步一个脚印地走来。通过查询整理历史文献记载，重现了我国贤哲认知利用蕈菌的历程。公元前300至公元前39年，《礼记·内则》《吕氏春秋》就有了"菌芝"一词；东汉末年的《神农本草经》中有"青芝、赤芝、黄芝、白芝、黑芝、紫芝"等"六芝"记载，出现了茯苓、猪苓、雷丸、桑耳、木耳等蕈菌；南北朝的陶弘景在《本草经集注》以及《名医别录》中记载了"马勃、蝉花"等蕈菌；葛洪的《抱朴子》著录了"五芝"，即"石芝、木芝、草芝、肉芝、菌芝"，其中将"菌芝"单独列出，同时还记载了数百种菌芝名称；明代李时珍在《本草纲目》（1578年）中记述了约200种的菌类中药，其中有香蕈、马勃、茯苓、雷丸、鸡枞、木耳、槐耳、松蕈、杉菌、天花蕈、菰蕈、土菌、雪蚕、羊肚菜及"六芝"等32种蕈菌，并从形、色、味、性能等方面明确了"六芝"属于灵芝等蕈菌药物（图3-1）。

常见于古籍记载及应用蕈菌类中药有灵芝（赤芝）、紫芝（紫灵芝）、皂荚菌（树舌灵芝）、马勃（大秃马勃、紫色马勃、头状马勃）、虫草（蝉花、蛹虫草）、雪蚕、雷丸、木耳、银耳、槐耳（槐栓菌）、茯苓、猪苓、鸡枞菌、香菇、乌灵参（黑柄炭角菌）、羊肚菌、桑黄、天花蕈等，其中有的名称及药用延续至今。

目前，我国传统药用及研究报道具有药用价值的菌物有500种左右，具有很大的开发潜力。

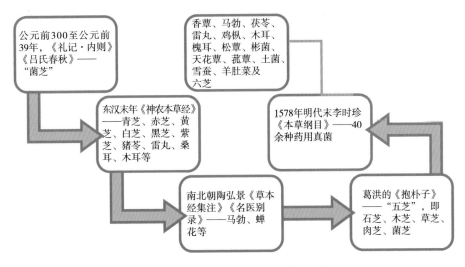

图3-1　蕈菌在我国历史文献中的记载

二、已开发利用蕈菌的种类

（一）担子菌

1. 伞菌（蘑菇）类

据不完全统计，已开发利用的伞菌（蘑菇）类蕈菌约182种。主要有香菇、松口蘑、蒙古口蘑（白蘑）、安络小皮伞、蜜环菌、亮菌、金针菇、雷丸、裂褶菌、金顶侧耳、菌核侧耳、正红菇、美味牛肝菌等。

2. 多孔菌（非褶菌）类

据不完全统计，已开发利用的多孔菌（非褶菌）类蕈菌约108种。主要有茯苓、云芝、槐栓菌（槐耳）、榆耳、猪苓、灰树花、猴头菌、樟芝、灵芝（东芝）、紫灵芝、树舌灵芝、假芝、桦褐孔菌、拟层孔菌、哈尔蒂木层孔菌、缝裂木层孔菌、橡胶木层孔菌等。

3. 胶质菌类

据不完全统计，已开发利用的胶质菌类蕈菌约9种。常见有黑木耳、银耳、金耳、茶耳、毛木耳等。

4. 腹菌类

据不完全统计，已开发利用的腹菌类蕈菌约60种。主要有大秃马勃、紫色

秃马勃、头状秃马勃、纲纹马勃、尖顶地星、栓皮马勃、豆包菌、长裙竹、短裙
竹、白鬼笔等。

（二）子囊菌

据不完全统计，已开发利用的子囊菌类蕈菌约25种，主要有冬虫夏草、古尼虫
草、蝉花、蛹虫草、麦角菌、竹黄、黑柄炭角菌（乌灵参）、胶陀螺菌、羊肚菌等。

三、蕈菌的生产方式

（一）蕈菌的野生驯化

人类认识利用蕈菌始于自然，古代人们通过采集野生菌食用或他用。农耕文
明之后，蕈菌驯化栽培开始呈现。汉代王充《论衡》有"紫芝之栽如豆"之说；
《隋书》中有《种神芝书一卷》；可见，蕈菌在汉、魏、晋时代就陆续开始栽培
了。南北朝时，陶弘景记载有茯苓的栽培法；《唐本草》有木耳自然繁殖方法记
载；继而，《王祯农书》《广菌谱》及《野蔌品》中均有蘑菇、香蕈的栽培法；
《癸辛杂识》中有茯苓栽培法；《花镜》中有灵芝栽培法；等等。

（二）蕈菌的人工栽培

蕈菌的生产起源于园艺栽培，随着社会发展和科技进步，蕈菌的栽培技术飞
速发展。20世纪以来，蕈菌生产经历了固定设施（菇房）栽培、工厂化栽培、机
械化栽培、智能自动化控制栽培及专业化生产的阶段，逐步向科学化、规模化、
标准化、智能化迈进。

（三）蕈菌的菌丝生产

1. 蕈菌固态发酵及菌丝生产

固态发酵又称固体发酵，即微生物在湿的固体培养基上生长、繁殖、代谢的
发酵过程。我国早在2 500年前，就能进行中药"神曲"的固体发酵。

蕈菌的固体发酵生产始于20世纪70年代，先后有猴头菌、安络小皮伞、亮
菌、云芝菌及槐耳菌等固体发酵的研究与生产。在固体培养基上接种，在适宜的
环境中培养，取得发酵产物——菌质后，通过后续处理进行药物及生化产品的生
产，如槐耳颗粒等。

2. 蕈菌液态深层发酵与菌丝生产

液体深层发酵技术属于现代生物技术之一。深层发酵技术直接生产蕈菌菌丝体，同时获得富含多糖、多肽、氨基酸等营养成分的发酵液。

20世纪中叶，随着抗生素工业的兴起，美国人Humfeld和Sugihala首次成功地在发酵罐中培养出了双孢菇菌丝体。进入20世纪70年代，我国也相继开始了蕈菌液态深层发酵的研究与生产。1978年发酵生产蜜环菌代用天麻获得成功，并通过技术成果鉴定。之后，经过我国生物、药物科技工作者的努力和联合攻关，成功地开发出了猴头菌提取物颗粒（谓葆）、至灵菌丝胶囊剂、复方天麻蜜环糖肽片（瑙珍）、百令胶囊剂、金水宝胶囊剂及灵芝片等菌物药品。

四、蕈菌开发利用的组织部位和应用范围

（一）蕈菌开发利用的组织与部位

蕈菌开发利用的组织与部位有子实体、菌丝体和孢子3个部分，其中菌丝体的菌丝、菌索、菌核均可被利用（图3-2）。

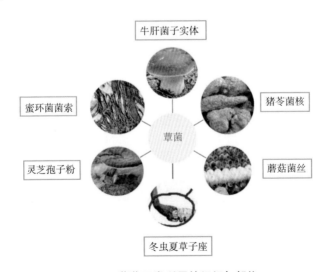

图3-2　蕈菌开发利用的组织与部位

（二）蕈菌开发利用的范围与形式

蕈菌开发利用的范围十分广泛，开发利用的形式也多种多样，横跨农业、食

品、化妆品、调味品、医药、保健等多个产业领域。

（1）作为主料或配料，纳入人们的餐饮，形式有主食、菜肴、汤类等。

（2）作为原料或辅料参与食品加工，形式有糕点、面包、挂面、糖果及即食食品等。

（3）作为原料或辅料参与调味品的制作，形式有调料粉、调味酱、酱油、醋、菌油、汤料及锅底料等。

（4）作为原料或辅料参与饮品制作，形式有饮料、口服液等。

（5）作为原料，制成功能食品，调节人体机能，强身健体。

（6）作为原料，制成药品，预防和治疗疾病。

（7）作为原料，制成化妆品，美容养颜、护卫肌体。

（8）作为原料，开发成杀虫、杀菌剂，用于种植业、养殖业的生物防治，促进农林牧副渔业的增产增效。

第二节　蕈菌食品介绍

一、含蕈菌的主食

在民间或酒店，含蕈菌原料的主食很多，如馒头、饼、糕点、包子、饺子、烧卖及米饭、面条等（图3-3）。

香菇鸡蛋白菜馅水饺　　　香菇韭菜馅包子　　　香菇牛肉烧卖

香菇素馅包子	香菇韭菜馅饼	白灵菇馅包子
白菜蘑菇馅合子	香菇榨菜鲜肉馄饨	杏鲍菇盖浇饭
香菇鸡滑盖浇饭	黑松露比萨	黑松露蒸饺
蘑菇炒肉盖浇面	蘑菇蛤蜊蝴蝶面	鸡肉蘑菇斜管面
松露鹅肝小点心	松露汁鲍鱼扒香米	茯苓粳米粥

芝麻茯苓糕	茯苓馒头	茯苓糕
鲜菇杂菌汤面	双孢菇菠菜面	香菇肉丁面
杏鲍菇面	蕈菌炸酱面	小鸡蘑菇面
金针菇肥牛面	蘑菇培根千层面	美味菌菇面
蘑菇鲜虾墨鱼汁面	雪菜蘑菇面	香菇海鲜面

图3-3　含蕈菌的主食集锦

二、含蕈菌的菜肴

蕈菌作为菜肴的主料或配料，在烹饪中用途相当广泛，现通过厨房、酒店、民间、网络等渠道收集、整理了部分含蕈菌的菜肴（图3-4，图3-5）奉献给大家，供大家品鉴和欣赏。

双菇菜胆　　　　　　　鲜菇扒油菜　　　　　　　口蘑过油肉

小鸡炖蘑菇　　　　　　干炸蘑菇　　　　　　　　黄蘑煎鸡蛋

香菇油菜　　　　　　　香菇烧栗子　　　　　　　香菇鸡块

杏鲍菇酿肉　　　　　青椒素炒杏鲍菇　　　　　杏鲍菇烧扇贝

鲍汁杏鲍菇　　　　　　杏鲍菇炒肉　　　　　　素炸杏鲍菇

铁板牛腩杏鲍菇　　　　杏鲍菇牛柳　　　　　　干锅杏鲍菇

平菇青椒炒鸡蛋　　　　平菇肉丝　　　　　　　凉拌手撕平菇

蒜蓉金针菇　　　　　　金针菇烧粉丝　　　　　培根金针菇

鱼香金针菇　　　　　　凉拌金针菇　　　　　　韭菜羊肉金针菇

鲍汁猴头菇　　　　　红烧猴头菇　　　　　猴头菇烧鸡翅根

茶树菇豉香回锅肉　　干锅茶树菇　　　　　茶树菇炒牛柳

茶树菇烧鸡　　　　　干煸茶树菇　　　　　茶树菇蹄花

鲍汁白灵菇　　　　　鸡掌鸭舌白灵菇　　　鲍汁白灵菇扒海参

青椒白灵菇　　　　　白灵菇鹅掌煲　　　　白灵菇炒肉

鸡腿菇鱼面筋　　　　蚝油鸡腿菇　　　　鲍汁鸡腿菇

鸡腿菇烧虾　　　　鸡腿菇炒牛柳　　　　干锅鸡腿菇

虫草羊肚菌海参　　　羊肚菌扣金耳　　　　羊肚菌时蔬煲

羊肚菌蒸清鸡　　　　红烧羊肚菌　　　　羊肚菌烧芦笋

木耳肉片　　　　木耳炒长山药　　　　木耳核桃仁

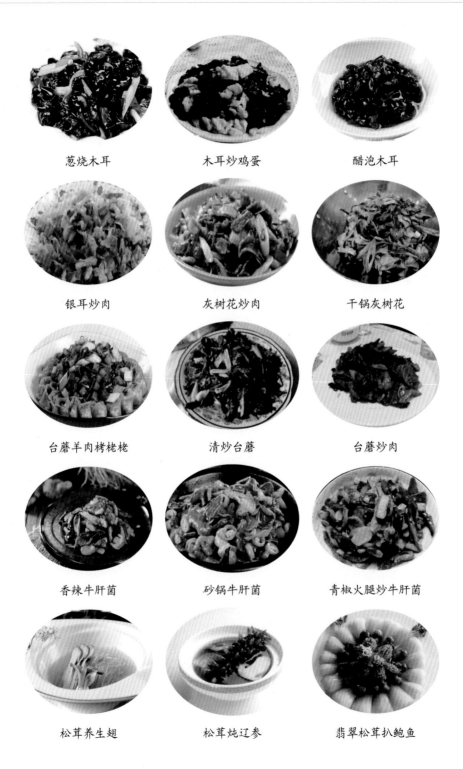

葱烧木耳　　　　　　　木耳炒鸡蛋　　　　　　醋泡木耳

银耳炒肉　　　　　　　灰树花炒肉　　　　　　干锅灰树花

台蘑羊肉栲栳栳　　　　清炒台蘑　　　　　　　台蘑炒肉

香辣牛肝菌　　　　　　砂锅牛肝菌　　　　　　青椒火腿炒牛肝菌

松茸养生翅　　　　　　松茸炖辽参　　　　　　翡翠松茸扒鲍鱼

砂锅松茸鸡腿煲　　松茸炒肉　　松茸烩牛柳

虫草花蒸排骨　　凉拌虫草花　　荷叶虫草花蒸鸡

虫草炖乌鸡　　虫草花炒鱼线　　虫草花炒肉

松露汁长山药鲍鱼　　鹅肝松露　　松露菲力牛排

石锅杂菌黑松露　　黑松露花椒炖辽参　　松露藜麦沙拉

清炒鸡枞菌	蒜香鸡枞菌	素炒鸡油菌
爆炒蚝油草菇	草菇烧牛肚	草菇肉片
灵芝炖水鸭	干锅绣球菌	小炒绣球菌

图3-4　含蕈菌的菜肴集锦

"金安康蘑菇宴"以保龄菇、金针菇、茶树菇、鸡腿菇、白灵菇、真姬菇、香菇、蘑菇、木耳等珍稀菇种精制的食用菌营养菜、各种蘑菇酱、山珍菌王汤、菇蔬脆片和航空休闲即食保龄菇片等组成，浓缩百菇精华，集营养之大成。

图3-5　金安康蘑菇宴（安徽马鞍山当涂）

三、含蕈菌的汤类

选用蕈菌煲汤在我国有着悠久的历史与传统。近年来，随着人们健康意识的提高和蕈菌新资源的开发利用，蕈菌汤类的品种花色愈来愈丰富（图3-6）。

猴头菇乌鸡汤	猴头虫草花竹荪汤	猴头菇排骨汤
羊肚菌鸡汤	雪梨银耳百合汤	银耳莲子羹
灰树花鲍鱼排骨汤	虫草花老鸭汤	鸡油菌菠菜丸子汤
竹荪土鸡汤	灵芝茯苓排骨汤	灵芝鳄鱼炖鸡汤

茯苓核桃瘦肉汤　　　　茯苓鸡汤　　　　番茄鸡蛋蘑菇汤

奶油蘑菇汤　　　　多菌汤　　　　野生菌汤

绣球菌汤　　　　豆苗蘑菇汤　　　　泡菜豆腐蘑菇汤

图3-6　含蕈菌的汤类集锦

四、蕈菌加工食品

（一）挂面（图3-7）

香菇风味挂面　　　　香菇炖鸡味面　　　　猴菇面

图3-7　含蕈菌的挂面集锦

（二）方便面、米、粥类（图3-8）

康师傅香菇炖鸡面

统一香菇炖鸡面

小鸡炖蘑菇面

蘑菇鲜蔬面

菇菌味自热火锅米饭

蘑菇炖鸡菜泡饭

山珍菌菇粥

排骨菌菇粥

图3-8　含蕈菌的方便面、米、粥集锦

（三）饼干（图3-9）

猴头菇苏打饼干

猴头菇饼干

猴头菇燕麦曲奇

图3-9　猴头菇饼干集锦

（四）糕点、面包、巧克力（图3-10）

猴菇面包　　　　　猴头菇蛋糕　　　　　猴菇养胃蛋糕

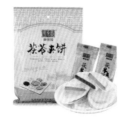

茯苓夹饼　　　　　茯苓糕　　　　　黑松露巧克力

图3-10　含蕈菌的糕点、面包、巧克力集锦

（五）速食、即食食品（图3-11）

速食山珍　　　　　即食一口蘑菇

香辣金针菇　　　　猴头菇早餐米稀

图3-11　含蕈菌的速食、即食食品集锦

（六）糖果（图3-12）

猴头菇酥糖　　　　猴头菇压片糖果　　　　猴头菇糖片　　　　猴头菇复合片

黑木耳软糖　　　　茯苓凝胶糖果　　　　茯苓酥糖　　　　蓝莓木耳软糖

图3-12　含蕈菌的糖果集锦

（七）饮料

1. 固体饮料（图3-13）

猴头菇乳酸菌　　　　灰树花　　　　蛹虫草竹荪　　　　富硒　　　　猴头菇
固体饮料　　　　固体饮料　　　　固体饮料　　　　猴头菇粉　　　　蛋白粉

茯苓薏苡仁　　　　姬松茸猴头菇　　　　猴头菇　　　　猴菇粉　　　　猴头菇
猴菇粉　　　　麦芽粉　　　　蛋白质粉　　　　　　　　子实体超细粉

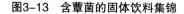

图3-13　含蕈菌的固体饮料集锦

2. 液体饮料（图3-14）

猴菇饮料　　　黑木耳饮品　　　黑木耳露　　　银耳芦笋汁　　　银耳饮料　　　燕窝银耳饮品

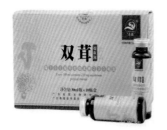

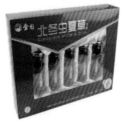

双茸口服液　　　　　姬松茸芦笋饮品　　　　　冬虫夏草饮品

虫草饮　　　蛹虫草燕窝饮品　　　蛹虫草氨基酸饮品　　　杏鲍菇饮品

图3-14　含蕈菌的液体饮料集锦

3. 茶（图3-15）

灵芝茶　　　　　　灵芝袋泡茶

图3-15　含蕈菌的茶集锦

第三节　蕈菌在保健食品方面的开发利用

保健食品是指声称具有特定保健功能或者以补充维生素、矿物质为目的的食品，即适宜于特定人群食用，具有调节机体功能，不以治疗疾病为目的，并且对人体不产生任何急性、亚急性或者慢性危害的食品。

目前，全国累计有以蕈菌为原料或含有蕈菌原料成分的"国食健字"保健食品近约1 730个。

一、灵芝

据不完全统计，全国有以灵芝为原料的"国食健字"保健食品生产批文866个，"卫食健字"保健食品生产批文202个。声称功能有增强免疫力、缓解体力疲劳、对化学性肝损伤有辅助保护功能、改善睡眠、对辐射危害有辅助保护功能、辅助降血糖、延缓衰老、辅助降血脂、减肥、提高缺氧耐受力、抗氧化、祛黄褐斑、改善皮肤水分、对胃黏膜有辅助保护功能、改善营养性贫血、改善胃肠道功能（润肠通便）、改善记忆、清咽及增加骨密度等；剂型涉及胶囊剂（软、硬）、片剂、口服液、粉剂、颗粒、冲剂、茶剂、油剂、酒剂及饮料等。

二、茯苓

据不完全统计，全国有以茯苓为原料的"国食健字"保健食品生产批文有506个，"卫食健字"保健食品生产批文204个，声称功能有增强免疫力、缓解体力疲劳、改善睡眠、对化学性肝损伤有辅助保护功能、辅助降血糖、辅助降血脂、对辐射危害有辅助保护功能、祛痤疮、祛黄褐斑、调节肠道菌群、促进消化、通便、对胃黏膜损伤有辅助保护、减肥、改善生长发育、增加骨密度、改善营养性贫血、缓解视疲劳、清咽、抗氧化、辅助改善记忆、提高缺氧耐受力等。剂型涉及胶囊剂、片剂、颗粒剂、口服液、冲剂、茶剂、粉剂、丸剂等。

三、冬虫夏草

据不完全统计，全国共有以冬虫夏草为原料的"国食健字"保健食品生产批文5个，"卫食健字"保健食品生产批文58个，声称功能有增强免疫力、缓解体力疲劳、辅助降血脂、改善睡眠、对化学性肝损伤有辅助保护功能、提高缺氧耐受力等，剂型涉及胶囊剂（软、硬）、片剂、口服液、粉剂、颗粒、茶剂、酒剂、饮料等多种剂型。

有以蝙蝠蛾拟青霉菌粉为原料的"国食健字"保健食品生产批文55个，"卫食健字"保健食品生产批文2个，涉及胶囊剂（软、硬）、口服液等剂型；有以蝙蝠蛾被毛孢菌粉为原料的"国食健字"保健食品生产批文13个，涉及胶囊剂（软、硬）、口服液等剂型；有以蝙蝠蛾拟青霉菌丝体冻干粉为原料的"国食健字"保健食品生产批文13个，涉及胶囊剂；有以发酵虫草菌粉类原料的"国食健字"保健食品生产批文1个，涉及剂型为胶囊剂等。

四、蛹虫草

据不完全统计，全国共有以蛹虫草为原料的"国食健字"保健食品生产批文72个，声称功能有增强免疫力、缓解体力疲劳、改善睡眠、辅助降血糖、辅助降血脂、对化学性肝损伤有辅助保护功能等，剂型涉及胶囊剂、片剂、口服液、粉剂、颗粒剂、茶剂、酒剂、饮料、丸剂及膏剂等。

五、香菇

据不完全统计，全国共有以香菇为原料的"国食健字"保健食品生产批文60个，"卫食健字"保健食品生产批文51个。声称功能有增强免疫力、缓解体力疲劳、辅助降血糖、辅助降血脂、对化学性肝损伤有辅助保护功能、对辐射危害有辅助保护功能、抗氧化、通便、对胃黏膜有辅助保护功能等，剂型涉及胶囊剂、片剂、口服液、粉剂、颗粒剂、冲剂、茶剂及饮料等。

六、姬松茸

据不完全统计，全国有以姬松茸为原料的"国食健字"保健食品生产批文23个，"卫食健字"保健食品生产批文4个，声称功能有增强免疫力、缓解体力疲劳、对化学性肝损伤有辅助保护功能、对辐射危害有辅助保护功能等，剂型涉及

胶囊剂（软、硬）、片剂、粉剂、颗粒剂、口服液及饮料等。

七、银耳

据不完全统计，全国有以银耳为原料的"国食健字"保健食品生产批文23个，"卫食健字"保健食品生产批文11个。声称功能有增强免疫力、缓解体力疲劳、辅助降血脂、改善营养性贫血、辅助改善记忆、对胃黏膜有辅助保护功能、对化学性肝损伤有辅助保护功能、通便、对辐射危害有辅助保护功能等，剂型涉及胶囊剂（软、硬）、片剂、口服液、粉剂、茶剂、粥剂、酒剂等。

八、猴头菇

据不完全统计，全国有以猴头菇为原料的"国食健字"保健食品生产批文31个，"卫食健字"保健食品生产批文5个，声称功能有增强免疫力、缓解体力疲劳、促进消化、对胃黏膜有辅助保护功能、调节肠道菌群功能、对化学性肝损伤有辅助保护作用、改善睡眠、对辐射危害有辅助保护功能等，剂型涉及胶囊剂（软、硬）、片剂、口服液、颗粒剂、茶剂、丸剂、酒剂及饮料等。

九、灰树花

据不完全统计，全国有以灰树花为原料的"国食健字"保健食品生产批文25个，"卫食健字"保健食品生产批文5个，剂型涉及胶囊剂（软、硬）、片剂、颗粒剂、口服液、饮料等多种剂型。

十、金针菇

据不完全统计，全国有以金针菇为原料的"国食健字"保健食品生产批文18个，"卫食健字"保健食品生产批文7个。声称功能有增强免疫力、缓解体力疲劳、辅助改善记忆、改善营养性贫血、对化学性肝损伤有辅助保护功能等，剂型涉及胶囊剂、片剂、口服液、冲剂、茶剂及饮料等。

十一、黑木耳

据不完全统计，全国有以黑木耳为原料的"国食健字"保健食品生产批文

8个，"卫食健字"保健食品批文8个，声称功能有增强免疫力、缓解体力疲劳、辅助降血脂、辅助降血糖、通便、增加骨密度等，剂型涉及胶囊剂、口服液、颗粒剂、冲剂、丸剂、粉剂、膏剂、饮料等。

十二、蜜环菌

据不完全统计，全国有以蜜环菌为原料的"国食健字"保健食品生产批文2个，声称功能有辅助降血压、增加骨密度、增强免疫力，剂型涉及胶囊剂、颗粒剂。

十三、平菇

据不完全统计，全国有以平菇为原料的"国食健字"保健食品生产批文3个，声称功能为增强免疫力，剂型涉及胶囊剂、片剂、冲剂。

十四、羊肚菌

据不完全统计，全国有以羊肚菌为原料的"国食健字"保健食品生产批文3个，"卫食健字"保健食品生产批文1个，声称功能有增强免疫力、对胃黏膜有辅助保护功能、对化学性肝损伤有辅助保护功能，剂型涉及胶囊剂、口服液。

十五、鸡腿菇

据不完全统计，全国有以鸡腿菇为原料的"国食健字"保健食品生产批文1个，声称功能为辅助降血糖，剂型为片剂。

十六、双孢菇

据不完全统计，全国有以双孢菇为原料的"国食健字"保健食品生产批文1个，声称功能为对化学性肝损伤有辅助保护功能、增强免疫力，剂型为片剂。

十七、草菇

据不完全统计，全国共有以草菇为原料的"国食健字"保健食品生产批文1个，声称功能为清咽，剂型为片剂。

十八、云芝

据不完全统计，全国有以云芝为原料的"国食健字"保健食品生产批文1个，声称功能为增强免疫力，剂型为软胶囊剂。另有"卫食健字"保健食品生产批文5个。

十九、白灵菇

据不完全统计，全国有以白灵菇（阿魏菇）为原料的"国食健字"保健食品生产批文1个，声称功能为缓解体力疲劳，剂型为胶囊剂。

二十、松露

松露是一种野生的食用菌，生长在地下，具有很丰富的营养价值，含有丰富的维生素及蛋白质，能够增强身体的抵抗力。对于女性来说，松露可以滋养精血，改善血液中的淤血块，而且松露本身具有改善睡眠质量，缓解由于睡眠不好引起的疲劳、无力、腰痛、失眠，胸闷不适的功效。食欲不振的人也可以通过口服松露有一定的改善作用。有研究表明，男性如果出现性功能障碍，可以通过吃松露起到温补肾阳的作用，可以提高男性的性功能。此外，还有保护心脑血管的作用，还有促进智力发育，由于松露中含有多种天然的活性成分，如多糖和微量元素锌，这些物质对人类的脑部发育都有很好的促进作用，能够提高记忆力，促进智力发育。

据不完全统计，全国有以松露为原料的"国食健字"保健食品生产批文1个，声称功能为改善胃肠道功能（润肠通便）、改善睡眠，剂型为口服液。

第四节　蕈菌药品介绍

人类采食菌物或以菌物入药治病的历史十分悠久，可以追溯到上古时代。据考证，早在古埃及、古罗马、古希腊时代，人们就食用野生的蘑菇并视美味的"菇"为"神之物"。我国五千多年前的神农氏炎帝、轩辕氏黄帝就用它们为民众除疾治病。

一、灵芝

灵芝具有补气安神、止咳平喘等功效，可用于治疗眩晕不眠、心悸气短、虚劳咳喘；具有抗肿瘤、调节免疫力、降血压、抗血栓、保肝、抗衰老、止咳祛痰、抑制呕吐、镇痛、抗病毒、消炎抗菌、放射保护、增强记忆、缓解支气管炎等作用。

据有关资料显示，全国有含灵芝成分"国药准字"药品生产文号174个，涉及胶囊剂、片剂、颗粒剂、丸剂、口服液、茶剂、酒剂、合剂及糖浆等剂型。

此外，《中华人民共和国药典》（2015年版）还收录有含"灵芝"成分的复方成药（药名中没有"灵芝"字样）3种；《中华人民共和国药典》（2020年版）收录有含"灵芝"成分的复方成药（药名没有"灵芝"字样）1种。

二、冬虫夏草

冬虫夏草甘，平。归肺、肾经。具有补肾益肺，止血化痰的作用。用于肾虚精亏，阳痿遗精，腰膝酸痛，久咳虚喘、劳嗽咯血。

据有关资料显示，全国有含冬虫夏草成分的（包括生物工程发酵菌粉）"国药准字"生产批文157个，涉及胶囊剂、片剂、颗粒剂、粉剂、口服液、茶剂、酒剂、膏剂及合剂等剂型。

三、猴头菇

猴头多糖具有抑肿瘤等功效，是一种较好的免疫增强剂；猴头菇还具有抗突变、抗衰老、降血糖、抑菌、抗凝血、促进溶血素形成、增加白细胞、降血脂、抗血栓、抗辐射、保肝护肝、胃黏膜损伤保护、抗疲劳等功能。

据有关资料显示，全国有含猴头菇成分"国药准字"药品生产文号78个，涉及胶囊剂、片剂、颗粒剂、粉剂及口服液等剂型。

四、蜜环菌

蜜环菌具有治疗眩晕、基底动脉供血不足、阴虚阳亢、神经衰弱、失眠等症的作用。

据有关资料显示，全国有含蜜环菌成分"国药准字"药品生产文号27个，涉及片剂、粉剂等剂型。

五、安络小皮伞菌

民间主要用安络小皮伞来治疗跌打损伤、骨折疼痛、麻风性神经痛、坐骨神经痛及偏头痛、风湿性关节炎等疾病。

据有关资料显示，全国有含安络小皮伞成分"国药准字"药品生产文号28个，涉及胶囊剂、片剂、酒剂、酊剂及膏剂等剂型。

六、云芝

云芝具有健脾利湿，清热解毒。用于治疗湿热黄疸、胁痛、食欲缺乏、倦怠乏力。

据有关资料显示，全国有含云芝成分"国药准字"药品生产文号191个，涉及胶囊剂、片剂、颗粒剂及口服液等剂型。

七、茯苓

茯苓具有利水渗湿，健脾，宁心作用。用于治疗水肿尿少，痰饮眩悸，脾虚食少，便溏泄泻，心神不安，惊悸失眠。

据有关资料显示，全国有含茯苓成分"国药准字"药品生产文号31个，涉及颗粒剂、片剂、颗粒剂、丸剂及口服液等剂型。

此外，《中华人民共和国药典》（2015年版）还收录有含"茯苓"成分的复方成药（药名中没有"茯苓"字样）178种，涉及胶囊剂、颗粒、丸、丹、散、糖浆、口服液、膏及合剂等剂型；《中华人民共和国药典》（2020年版）收录含有"茯苓"成分的复方成药（药名没有"茯苓"字样）19种。

八、银耳

银耳能够强精、补肾、滋阴、润肺、生津、止咳、清热、润肠、益胃、补气、强心、壮身、补脑、提神；其主要有效成分为银耳多糖，具有调节免疫力、抑肿瘤、降血脂、降血糖、抗疲劳、抗衰老、抗溃疡、抗凝血以及增强机体抗病能力等功效。

据有关资料显示，全国有含银耳成分"国药准字"药品生产文号24个，涉及胶囊剂、片剂、乳剂、粉剂及糖浆等剂型。

九、黑木耳

木耳具有抗凝血、抗血栓、降血脂、降血糖、提高机体免疫力、抗衰老、抗辐射和抗突变等功效；木耳多糖还具有抗溃疡、保护组织损伤、升高血钙、抗炎症、抗癌等细胞保护作用。

据有关资料显示，全国有含黑木耳成分"国药准字"药品生产文号1个，此外，《中华人民共和国药典》（2015年版）还收录有含"木耳"成分的复方成药（药名中没有"黑木耳"字样）2个。

十、雷丸

雷丸具有杀虫消积的功效。用于治疗绦虫病、钩虫病、蛔虫病和虫积腹痛，对小儿疳积也有疗效。

据有关资料显示，全国有含雷丸成分"国药准字"药品生产文号4个，涉及胶囊剂和片剂2种剂型。

十一、槐耳

槐耳具有治痔疮，便血，脱肛，崩漏等功效。

据有关资料显示，全国有含槐耳成分"国药准字"药品生产文号2个，涉及颗粒剂和粉剂2种剂型。

十二、马勃

马勃具有清肺利咽，止血。用于治疗风热郁肺咽痛，音哑，咳嗽；外治鼻衄，创伤出血。

据有关资料显示，全国有含马勃成分"国药准字"药品生产文号1个，为散剂。

十三、猪苓

猪苓具有利水渗湿的功效。可用于治疗小便不利、水肿、泄泻、淋浊、带下。

据有关资料显示，全国有含猪苓成分"国药准字"药品生产文号2个，涉及胶囊剂和水针2种剂型。

此外，《中华人民共和国药典》（2015年版）还收录有含"猪苓"成分的复方成药（药名中没有"猪苓"字样）6个，涉及胶囊剂、散、丸、颗粒等剂型。

十四、蛹虫草

蛹虫草子实体及发酵液中含有虫草素、多糖等活性成分，具有补肾助阳益精之功效；对肾虚所致的阳痿早泄有良好的治疗及保健作用，对肾虚腰痛、糖尿病、尿蛋白等肾功能障碍患者也有较好的治疗效果；另外还具有止血化痰、抗肿瘤、抗菌、提高免疫力、镇静、抗惊厥、抗衰老、抗氧化、降血脂等作用；临床试验证明，蛹虫草对肺虚咳嗽、急慢性支气管炎、哮喘等具有较好的疗效。

据有关资料显示，全国有含蛹虫草成分"国药准字"药品生产文号2个，涉及胶囊剂和粉剂2种剂型。

十五、香菇

香菇多糖对慢性粒细胞白血病、胃癌、鼻咽癌、直肠癌和乳腺癌有明显的治疗效果；还具有增强免疫力、降低胆固醇、抑制动脉血栓形成、预防和治疗高血压和心脑血管疾病等功效；同时对细菌、霉菌、病毒及艾滋病的感染均有治疗作用。

据有关资料显示，全国有含香菇成分"国药准字"药品生产文号39个，涉及胶囊剂、片剂、粉剂及水针等剂型。

十六、树舌

树舌灵芝的有效成分包括多糖、甾体、三萜、脂类、多肽、生物碱类、酚类、内酯、香豆素类、苷类和微量元素等；该菌具有广泛的药理活性，主要包括调节机体免疫功能、抗肿瘤、抗病毒、消炎抗菌、降血糖、调节血压、阻碍血小板凝集和强心等作用，临床上树舌灵芝已被用于治疗腹水癌、神经系统疾病、肝炎、心脏病、糖尿病和糖尿病并发症，以及预防和治疗胃溃疡、急慢性胃炎、十二指肠溃疡胃酸过多等胃病。

据有关资料显示，全国有含树舌成分"国药准字"药品生产文号2个，均为胶囊剂。

十七、灰树花

灰树花性平，味甘。具有益气健脾，补虚扶正的功效。对于体倦乏力，饮食减少神疲懒言，脾虚气弱，食后腹胀等症有治疗的作用。而且，灰树花还有抑制高血压和肥胖症的功效。另外，灰树花还含有丰富的铁、铜和维生素C等成分，具有预防动脉硬化，脑血栓的作用；也可用于治疗胃癌、食道癌、前列腺癌等。

据有关资料显示，全国有含灰树花成分"国药准字"药品生产文号1个，为胶囊剂。

十八、松茸

松茸具有提高免疫力、抗肿瘤、治疗糖尿病及心血管疾病、抗衰老养颜、促肠胃保肝脏等多种功效。

据有关资料显示，全国有含松茸成分"国药准字"生产批文1个，为胶囊剂。

十九、乌灵参（黑柄炭角菌）

乌灵参具有安神，止血，降血压之功效。主治失眠、心悸、吐血、衄血、高血压病和烫伤。

据有关资料显示，全国有含乌灵参成分"国药准字"生产批文1个，为胶囊剂。

二十、白耙齿菌

白耙齿菌含有皂苷、多糖、多肽等细胞强化营养素，能软化肾小球，恢复肾小球血管壁的弹性。可以提高患者自身的免疫力，对治疗也起到辅助的作用。

据有关资料显示，全国有含白耙齿菌成分"国药准字"药品生产文号9个，均为胶囊剂。

二十一、亮菌

亮菌具有清热解毒之功效。常用于急、慢性胆囊炎、胆道感染、肝炎、阑尾炎和中耳炎。

据有关资料显示，全国有含亮菌成分"国药准字"药品生产文号32个，含亮菌甲素（原料药）5个，亮菌甲素注射液5个，注射用亮菌甲素8个，亮菌甲素片8个，亮菌口服溶液2个，亮菌甲素葡萄糖注射液2个，亮菌甲素氯化钠注射液2个。

二十二、金针菇

金针菇具有调补气血、扶正固本、补肝和益肠胃的功效。

据有关资料显示，全国有含金针菇成分"国药准字"药品生产文号3个，涉及胶囊剂和片剂。

第五节　蕈菌调味品介绍

食用蕈菌独特的风味成为天然调味品开发的热点，利用其风味物质加工成天然调味品是食用蕈菌深加工的一个方向。

目前，国外主要流行食用蕈菌提取物作调味品，在欧美、日本流行蘑菇抽提物作为新型食品调味料。以食用蕈菌为原料，我国生产调味品的方式一是利用食用菌下脚料，经过接种微生物、发酵、培养等一系列步骤加工而成，如蘑菇酱油、香菇方便面汤料、菇酱等；二是食用菌抽提液，即经自溶或外加酶作用或超声、微波辅助热水浸提的方法，将其中的风味物质提取出来，经离心、浓缩制得的一类产品，如香菇精、百菇精等，作为食品添加剂使用；三是食用菌调味粉，以食用菌干品为原料，经粉碎得到食用菌粉末，与其他辅料复配而成。

一、蕈菌调味料

（一）调味粉（图3-16）

蘑菇精

香菇精调味料

松茸精

香菇粉调味料

山珍精

松茸调味料

香菇精

竹荪精

图3-16　蕈菌调味粉集锦

（二）拌料酱（图3-17）

红油金针菇　　　　蘑菇拌面酱　　　　香菇酱　　　　香菇牛肉酱

香菇拌面酱　　　　香菇豆豉　　　　红油杏鲍菇　　　　白蘑酱

香辣金针菇　　　　风味杏鲍菇　　　　台蘑酱　　　　黑松露酱

图3-17　蕈菌拌料酱集锦

（三）汤料、底料、蘸料（图3-18）

菌锅汤料　　　　火锅蘸料　　　　菌汤底料　　　　香菇炖汤料

图3-18　蕈菌汤料、底料、蘸料集锦

二、蕈菌酱油、蚝油（图3-19）

　香菇老抽　草菇老抽　　口蘑酱油　　口蘑老抽　　香菇酱油露　　香菇酱油　　香菇素蚝油

图3-19　蕈菌酱油、蚝油集锦

三、蕈菌醋（图3-20）

　　蘑菇香醋　　　　　灵芝谷醋　　　　　木瓜灵芝醋

图3-20　蕈菌醋集锦

四、蕈菌油（图3-21）

　　油鸡枞　　　　野生菌油　　　鸡腿菇油辣椒　　　油松茸菌　　　香辣油鸡枞

图3-21　蕈菌菌油集锦

第六节　蕈菌其他产品集锦与利用介绍

一、蕈菌化妆品集锦

1.灵芝（图3-22）

图3-22　灵芝化妆品集锦

2.虫草（图3-23）

图3-23　虫草化妆品集锦

3. 银耳（图3-24）

图3-24　银耳化妆品集锦

4. 松茸（图3-25）

图3-25　松茸化妆品集锦

5. 牛樟芝（图3-26）

图3-26　牛樟芝化妆品集锦

6. 茯苓（图3-27）

图3-27 茯苓化妆品集锦

7. 口蘑（图3-28）

图3-28 口蘑化妆品集锦

8. 桑黄（图3-29）

图3-29 桑黄化妆品集锦

9. 绣球菌（图3-30）

图3-30　绣球菌化妆品集锦

10. 桦树茸（图3-31）

图3-31　桦树茸化妆品集锦

二、蕈菌农用途径简介

充分利用食用蕈菌栽培后的培养基——菌糠、菌渣及下脚料等废料在农业上创新使用是变废为宝、实现循坏经济的有效途径。通常有以下几个方面。

（一）重复利用

重复利用就是用已经完成前一食用蕈菌出菇任务的食用菌废料再次用作后一食用蕈菌的培养料。

1.制作菌种

利用晒干、无霉变废料代替部分（30%～40%）新料进行菌种制作，如利用菌糠代替部分麦粒制作双孢菇栽培菌种。

2.做栽培料

将栽培过草菇、平菇、香菇、金针菇等品种的废料，晒干粉碎后添加到新原料中栽培鸡腿菇；栽培过金福菇、杏鲍菇的废料可栽培姬松茸、天麻等；还可以利用废料栽培双孢菇，以提高产值，变废为宝，提高经济效益。

（二）加工成饲料

将食用蕈菌废料晒干粉碎，直接喂牛羊等或掺入其他饲料中喂养牛、羊、猪、兔、鱼等，也可以先用其饲喂低等动物、再用低等动物喂养畜禽。

（三）用作肥料

食用蕈菌废料消毒灭菌后作为改良土壤、提高土壤肥力的有机质肥源使用。

（四）用作无土栽培基质

利用食用菌废料良好的保水性、通透性，完全或部分替代常规的无土栽培基质。

（五）用作燃料

1.代替其他燃料

2.作为发酵底物生产沼气使用

（六）提取农药和激素

通过现代科学技术，提取分离食用蕈菌废料中的激素和抗生素，制成增产素和抗生素使用（图3-32）。

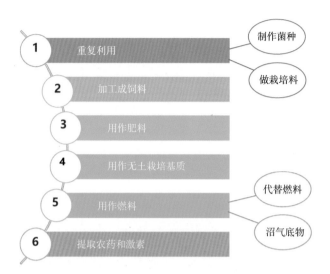

图3-32　蕈菌农用途径

三、蕈菌栽培与盆景艺术集锦

（一）蕈菌规模化种植集锦

1.灵芝（图3-33）

图3-33　灵芝栽培模式展示

2.猴头菇（图3-34）

 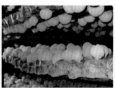  

图3-34　猴头菇栽培模式展示

3. 平菇（图3-35）

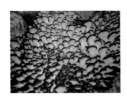

图3-35　平菇栽培模式展示

4. 姬松茸（图3-36）

图3-36　姬松茸栽培模式展示

5. 香菇（图3-37）

图3-37　香菇栽培模式展示

6. 黑木耳（图3-38）

图3-38　黑木耳栽培模式展示

7. 银耳（图3-39）

图3-39　银耳栽培模式展示

8. 金耳（图3-40）

图3-40　金耳栽培模式展示

9. 白灵菇（图3-41）

图3-41　白灵菇栽培模式展示

10. 杏鲍菇（图3-42）

图3-42　杏鲍菇栽培模式展示

11. 鸡腿菇（图3-43）

图3-43 鸡腿菇栽培模式展示

12. 茶树菇（图3-44）

图3-44 茶树菇栽培模式展示

13. 草菇（图3-45）

图3-45 草菇栽培模式展示

14. 双孢菇（图3-46）

图3-46 双孢菇栽培模式展示

15. 金针菇（图3-47）

图3-47　金针菇栽培模式展示

16. 灰树花（图3-48）

图3-48　灰树花栽培模式展示

17. 北虫草（图3-49）

图3-49　北虫草栽培模式展示

18. 竹荪（图3-50）

图3-50　竹荪栽培模式展示

19. 桑黄（图3-51）

图3-51　桑黄栽培模式展示

20. 牛肝菌（图3-52）

图3-52　牛肝菌栽培模式展示

21. 羊肚菌（图3-53）

图3-53　羊肚菌栽培模式展示

22. 绣球菌（图3-54）

图3-54　绣球菌栽培模式展示

23. 茯苓（图3-55）

图3-55 茯苓栽培模式展示

（二）蕈菌盆景艺术集锦

1. 灵芝（图3-56）

图3-56 灵芝盆景展示

2. 其他蕈菌（图3-57）

图3-57　其他蕈菌盆景展示

第七节　蕈菌开发利用的前景与发展之路

　　经过前人长期实践、总结与积累，特别是通过近代蕈菌工作者的不断探索和深入研究，蕈菌的开发利用如火如荼、取得了长足的进步，但仍与蕈菌资源的潜力及人们对美好生活的需求有较大差距。如何挖掘潜力，寻找不足，促进蕈菌合理开发、科学利用，快速、持续、健康发展，是摆在众多蕈菌科技工作者面前光荣而艰巨的任务。

一、蕈菌开发利用的前景

（一）蕈菌开发利用面临的机遇与挑战

　　近年来，人类健康遇到一系列危机和挑战，大健康产业上升为国家战略，蕈菌的开发利用再次被提上日程。

1. 新冠肺炎疫情等传染性疾病的出现，再次敲响了人类生命安全的警钟，也改变着人们未来的生活方式和价值观念

2020年突如其来的新冠病毒性肺炎，对中国乃至世界人民来说，不仅是一场灾难，更是一场考验。疫情的出现及蔓延无时无刻侵蚀着人民的生命财产和身体健康，人们的人生观、价值观也随之发生了变化。后疫情时代，人们对健康产品的需求将会与日俱增，生物医药技术将会得到大发展，中医中药的重要性将会得到提升，以健康为中心的产业必将成为第一大产业。

2. 人口老龄化，导致人类生活质量下降，"老有所养、老有所为、老有所乐"成为社会关注的焦点

随着社会和经济的发展，人口老龄化已成为全球性的重大社会问题。现阶段，我国老龄化速度加快。老年人作为社会重要的构成人群，他们的健康对社会产生着巨大的影响。一方面引起老年人口的一系列身体、心理等健康问题，体质下降、老年痴呆、慢性疾病缠身、逐渐失去自理能力，给家庭、社会带来一定负担和影响；同时，老龄化水平与经济发展水平之间不协调的矛盾也进一步显现，对社会保障和公共服务体系的压力将进一步加大。

3. 亚健康状态人群扩大，慢性病久治不愈、疑难病症无从下手

随着社会发展节奏加快，人们的压力也越来越大，生活上养娃、供房、供车、衣食住行……，工作上目标、任务、考核、竞争激烈……，加之全球变暖，空气、水土污染以及化学药物滥用等一系列不利于人类心身健康因素的增多，导致亚健康状态人群比例居高不下，且逐步扩大。

中华医学会对我国33个城市的近百万名人员的调查表明，近70%的中国人处于亚健康状态，其中沿海城市高于内地城市，脑力劳动者高于体力劳动者；中年人高于青年人；而高级知识分子、企业管理者的亚健康发生率远高于70%。我国预防医学会的数据表明，目前处于亚健康状态的中国人的比例上升为75%。医学界已经把"亚健康"列为21世纪人类健康的头号大敌。

4. 气候变化异常、自然灾害频繁，加之人均资源匮乏、粮食短缺、饥饿现象时有发生

以上林林总总，均对人类生存与健康造成了一定的负面影响和威胁。

（二）蕈菌的特点、优势及开发利用的价值

1. 蕈菌是大健康产品，兼具营养保健双重功效，与人类健康息息相关

（1）食用蕈菌营养丰富，味道鲜美，高蛋白、低脂肪、低热量、多膳食纤维、多矿质元素、多维生素，是深受大众喜爱的健康食品

从古到今，世界各国都有传统食疗方面的研究和总结。近几十年，世界各国在环境变化、生活变化的影响之下，科学家正全力追寻新的药食同源的生物科技领域，国际上兴起功能食品（机能性食品）的研究热潮即围绕药食同源类天然生物展开。食用蕈菌成为近几年渐露头角的新一代功能食品，它们的特点及优势符合世界卫生组织有关机能因子型功能食品的最高定位而引起产业界和科技界的高度关注。

（2）蕈菌是异养生物，药食同源蕈菌富含多种活性物质和次生代谢产物，是功能食品的优质原料

药食同源、防"病"于未然是人类社会发展的一种全新健康理念。这与人类自身返璞归真、回归自然的潮流相吻合。在充满炒作和疗效不实的保健品市场，在人类遭受化学药物二重感染和亚健康包围的今天，食用蕈菌以其独有氨基酸和各种营养因子深受百姓餐桌的喜爱；其所含真菌多糖、多肽、萜类、氨基酸以及特殊微量元素，可以激活免疫细胞，对免疫系统发挥多方面的调节作用；作为新兴免疫性药物、BRM（生物反应修饰剂）在抗肿瘤、抗艾滋病、抗感染等方面也渐露头角；在日常的抗疲劳、抗衰老，平衡人体生理机能，改善微循环，降血糖、血脂，清除自由基，修复受损细胞，抗辐射等方面广为应用；对各种老年性疾病也有很好的调理作用。这些食药用蕈菌的特有功效正是亚健康人群和疾病治疗需要的。因此，在蓬勃发展的天然健康产业里，食药用蕈菌作为特殊的生物界中菌物态成员，必将以一个充满生机活力并具可持续发展潜力的面貌展现在新经济的大舞台上。

以食用和药用蕈菌为主，结合其他药用及食用植物大力开展保健功能食品的研究、开发与组分搭配以及类似于临床试验的系列分析研究，以提高人类健康水平和抵抗疾病的能力，是21世纪人类健康事业的重要任务之一。

如果说，将人类疾病的早发现、早治疗为主，变为早保养、早预防为主，那么，通过大力发展食、药用蕈菌资源产业，认真研究与开发蕈菌功能食品并逐步加以普及，使之成为日常生活中不可缺少的组成部分，必将为提升人类健康水平

做出重大贡献。届时，人类受病痛的折磨必将逐步减少，人类的平均寿命必将进一步提高，人类的生活质量必将进入更高水平。

（3）以药物筛选情况来看，从菌物中能够筛选到的活性物质远比从维管束植物和放线菌中的要高，仅次于海洋生物

因此，对丁人类可持续发展来说，大自然中的菌物多样性是人类宝贵的可再生资源库。药用蕈菌富含多种药用活性成分及次生代谢产物，是天然药物分子及先导化合物的宝库。蕈菌药物不仅疗效好，而且毒副作用小，是慢性病、疑难病患者的首选。

2. 食药用蕈菌产业投资小、见效快、经济效益高、极具开发利用价值

发展食药用蕈菌产业有利于农业产业结构调整、实现农业废弃物的资源化、推进循环经济发展、支撑国家粮食（食物）安全。作为不与人争粮、不与粮争地、不与地争肥、不与农争时、不与他业争资源的"五不争"产业，必将有力推动乡村振兴；发展食药用蕈菌产业是精准扶贫的有效途径；食药用蕈菌产业可有效推动"一带一路"倡议实施。我国是蕈菌资源大国，也是食药用蕈菌生产大国。通过"一带一路"，把中国发展食药用菌的经验及模式推向世界，让世界了解中国，让中国走向世界，逐步取得国际话语权。

二、蕈菌开发利用的瓶颈与不足

（一）蕈菌资源挖掘方面

蕈菌资源丰富，开发的种类有限。菌物广泛分布于地球表面，从高山湖泊到田野、森林，从海洋、高空到赤道两极，从土层到各类生物体等，到处都有菌物的分布。菌物的种类繁多，大小不一。菌物种类估计为150万种，已被描述的大约7万种。据估算现存蕈菌大概有140 000种，然而迄今已辨识的只有15 000种左右（约占估计总量的10%）。绝大部分也仅停留在形态描述阶段，有关成分分析、结构鉴定、功效等系统研究也只是刚刚起步或仅限于在小范围内进行，蕈菌产业的发展与资源大国不相适应，亟待组织力量向深度和广度进军。我国地大物博，地理、气候复杂多样，孕育着丰富的野生蕈菌资源，潜力巨大、亟待挖掘。

受利益驱使，胡挖乱采现象严重，过度采集导致一些珍稀名贵蕈菌流失严重，逐步消亡；科普宣传不够，蕈菌知识普及率低，野生蘑菇中毒事件时有发生；受食用消费习惯影响，普通民众对蕈菌认识止于表层、食用途径单调，多不

能科学烹饪、合理食用，需要引导和普及。

（二）蕈菌生产方面

食用蕈菌一家一户栽培，常出现技术、菌种、原料、设备、质量标准体系缺失或标准执行不到位等问题；工厂化栽培成本高、投资风险大、融资能力差；导致市场上的产品尽管琳琅满目，但往往鱼龙混杂、良莠不齐。液体深层发酵技术生产蕈菌菌丝周期短、产量高、效益大，但目前进入食品领域仍有诸多限制因素，亟待国家出台有关政策和规范标准。

（三）蕈菌加工方面

1. 食用蕈菌加工仍然处于初级状态

近年来，国家对农业及食用菌加工业不断加大投入，食用菌加工涌现出诸多先进生产技术，也让食用菌产品更加多样化、个性化，成为国民经济发展的新兴产业和新的经济增长点；但与发达国家相比，我国食用菌加工还处于起步发展阶段，具体表现在技术装备水平不高、采后加工率低、精深加工产品少、产业链条延伸不够，产业运行质量一般。

2. 蕈菌保健食品行业此起彼伏、发展不平衡

鉴于蕈菌显著的药用保健功效，以蕈菌为原料的保健食品逐步取得了消费者的信赖，加上广告的宣传效应，曾一度时期出现过灵芝热、虫草热等蕈菌保健食品热潮，但保健品的过度宣传，不仅引起消费者的不满，而且受到了国家监管机构的关注，虽然不是蕈菌保健食品惹的祸，但负面影响在所难免。此外，进入蕈菌保健食品原料及菌种目录的种类太少，严重制约了蕈菌保健食品广泛开发利用。

3. 蕈菌入药历史悠久，成药相对较少

经统计，中国已知的食药用蕈菌有近千种，但至今正式入药的还不多，进入药典的更少。有一些药用蕈菌如"灵芝孢子粉""桑黄""桦树茸"等在民间一直流传、应用，在国外也有保健品（膳食补充剂）或药品应用的先例，但在我国仍受到现行政策法规的限制，至今不能入药。由此看来，把药用蕈菌转化为服务人类健康良药，任务还十分艰巨，还有许多关键核心技术和系统工作等待我们去攻克、去完成。

（四）创新研发方面

1. 研发力量分散、专业力量薄弱

蕈菌的开发利用是系统工程，需要众多学科、团队的参与和联合攻关。长时间以来，我国广大蕈菌科技工作者一直辛勤奋战在蕈菌资源调查、研究及开发利用第一线。特别是近年来，在蕈菌的开发利用、产品研发方面做了大量卓有成效的工作，取得了不少有价值的成果，可喜可贺。但是我们的研发创新还有很多薄弱环节，例如研发力量分散、有待整合，研发人才（重点是药物创新人才）缺乏、有待培养、引进，研发思路保守、有待拓宽，研发手段有限、有待提高等。

2. 研发投入少

食用菌项目投资少、见效快、效应高，但过往除了参与扶贫项目很难得到政府大的投资。食用蕈菌发展初始阶段即栽培阶段、特别是一家一户的庭院栽培或大棚栽培模式，不需要太大投资，但进入精深加工后发展阶段，特别是开展蕈菌创新药物研发，需要风险意识和战略眼光，需要有识之士及有实力的企业家参与和介入，更需要政府的大力扶持及保驾护航。

（五）蕈菌产品消费与市场方面

1. 食用蕈菌消费主要集中于国内市场，出口量有限

我国是食用菌生产大国，总产量增长较快。目前生产的食用菌绝大部分用于国内消费，亟待提高品质、扩大宣传，尽快打入国际市场。

2. 市场意识差，没有品牌和产权意识

没有标准的低成本运作导致了食用蕈菌产品经营当中缺少差异化，在市场表现力上除了季节因素就是简单的等级区分。

3. 市场培育不足，对蕈菌认知有限

从市场培育角度而言，主动消费意识尚未完全形成，大部分消费者对食用蕈菌的认知还只停留在美食层面，对食用蕈菌与人体健康的关系知之甚少。因此，积极开展蕈菌营养功效及药用价值推广、宣传、普及工作尤为重要。

4. 食用蕈菌产品需求持续扩大，精深加工成趋势

随着人们对于蕈菌药用保健功效的逐步认识和食用蕈菌有效成分研究的深入，食药用蕈菌将广泛地应用于药品和保健品领域。通过精深加工制作既可延伸

食用蕈菌的产业链，又能增加食用蕈菌的附加值，既能为食药用蕈菌生产企业拓宽业务空间、扩大市场份额，同时又可以通过产品多样化来满足各类消费者的需求。总之，蕈菌开发利用潜力巨大，产业亟待升级。

三、蕈菌产业的发展之路

（一）依靠科技创新、驱动蕈菌产业结构优化升级，实现可持续发展

创新是一个民族进步的灵魂，是全面贯彻落实科学发展观，促进产业结构优化升级，推进经济结构战略性调整和经济可持续发展的关键途径。依靠自主创新建设创新型国家已经成为我国的战略选择。

1. 组建蕈菌创新团队

联合科研院所、大专院校、高新技术企业有关生物、蕈菌、园艺、营养、化学、药学、药理学及生物工程、食品工程、制药工程等方面的专家学者，开展蕈菌新资源挖掘及开发利用核心和关键技术的攻关。

2. 加强蕈菌人才培养和队伍建设

建议增设蕈菌科学、蕈菌工程及蕈菌技术本科及以上教育，扩大蕈菌科学与工程技术专业的招生比例及人才培养，造就大批蕈菌创新人才充实到蕈菌开发利用的队伍中来。

3. 蕈菌产业创新的节点与指南

蕈菌资源挖掘与新资源的利用；野生蕈菌资源的驯化与栽培；国外蕈菌资源的引进与利用；研发菌株的筛选、分离与目标菌株的定向选育，根据目的产物的生物合成途径、遗传控制及代谢调节机制开展菌株的定向选育；目标菌株的杂交、诱变、基因修饰等选育；优质高产集约化蕈菌栽培技术集成与推广；建立新型蕈菌发酵体系，逐步实现由野生型菌株发酵向高度人为控制的发酵转移，实现由依赖微生物分解代谢分解发酵向依赖生物合成代谢的发酵，即向代谢产物大量积累的发酵转移；蕈菌活性成分即次生代谢产物的分离、提取与鉴定；高科技含量、高附加值及多功能产品的研发；蕈菌全方位、多元化的开发利用。

（二）顺势而为，围绕国家大健康战略目标，把蕈菌产业做大做强、服务人类健康

蕈菌营养丰富、美味可口，具有多种功效，不仅是药食同源的健康食品，也是制作功能食品和药品的优质原料。因此，我们一定要创新思维，突破小农经济的思维模式及生产方式，树立大健康、大产业、大品牌战略，推动蕈菌产业健康发展。

1. 抓住药膳、功能性食品及天然药物三大消费市场

重新界定和评价食用蕈菌的价值和地位，提升食用蕈菌产业的整体形象，充分发挥食用蕈菌在大健康产业中的作用，以全新的理念和手段布局和运作蕈菌产业。

2. 创新发展模式、聚合蕈菌产业势能、打造蕈菌大健康产业集群、构建蕈菌创意产业联盟

优化整合蕈菌产品研发及种植、仓储、加工、菌丝发酵、原料提取分离、药品制作等资源，通过创意策划、新产品开发、新技术创新以及新市场拓展形成联系紧密、有序衔接、交叉渗透、优势互补的产业联盟和利益共同体，打造有竞争力的产业链，逐步实现生产工业化、产品标准化、质量控制智能化，在促进人类健康的同时，推动餐桌经济、食品经济及药品经济全面发展。

3. 树立品牌意识，推进品牌战略

牢固树立品牌意识，争创知名品牌，扎实做好基础工作，不断提升产品质量和企业管理水平；立足自主创新，增强自主研发能力，不断提高产品附加值和品牌的核心竞争力。

（三）引导消费，激活市场潜力

党的十九大报告中提出中国新时代社会主要矛盾已经从"人民日益增长的物质文化需求"转变为"人民日益增长的美好生活需要"。随着生活水平提高，人们对食品的要求也越来越高；随着现代人生活水平的提升，对于健康营养食品的追求也与日俱增，吃饱正向吃好转变，吃出营养、吃出健康已经成为当今人们追求的目标。产业做大做强，除了加强自主创新、凝练核心技术、塑造产品品牌外，还在于市场的培育。市场才是带动产业不断发展的驱动器。针对潜力巨大、

远未开发的蕈菌消费市场，应当着眼于目标人群跟踪、服务，让消费者真正认识蕈菌产品的品质内涵，挖掘消费潜力。

1. 弘扬中华饮食文化，宣传食用蕈菌的营养保健食用价值，拉动食用蕈菌产品的餐桌消费，改善人们的膳食结构，进而拉动食用蕈菌产业的持续发展

蕈菌虽然营养丰富，有益人体健康。但就广大民众及消费者来说，目前对食用蕈菌的认知程度有限，如何科学烹饪、如何食用，如何合理食用、需要我们去研究、去推广、去宣传、去普及、去引导。市场的主体和核心是消费者，只有着力开拓和创造消费市场，才能使食用蕈菌产业保持健康的发展状态，通过餐饮企业的参与及药膳等烹饪产品的推广，培养和引导百姓的饮食习惯，提升消费者对菌类产品的认知度，打通食用蕈菌消费端的产业链，推动蕈菌大健康产品的应用。

2. 积极开展蕈菌知识的宣传和普及工作

建议政府在有条件的城市或地区筹建公益性蕈菌博物馆，开展蕈菌资源、功效及蕈菌文化的展示和传播工作，大力宣传和普及蕈菌知识；把蕈菌纳入文化旅游资源范畴，建立蕈菌旅游生态园，结合旅游观光开展蕈菌观赏和采摘，进一步了解和认识蕈菌在生态循环中的作用和发展蕈菌产业的意义；利用各种报刊、专业杂志，各种网站、媒介，广泛开展蕈菌知识的传授和培训工作；建议在中小学生物课中加大蕈菌知识点的比例，培养人们对蕈菌兴趣爱好及鉴别能力，确保蕈菌事业后继有人。

总之，蕈菌产业不仅是健康产业、而且是朝阳产业、蕈菌的开发利用方兴未艾，前途一片光明，蕈菌产业的明天一定会更美好。

参考文献

包海鹰，图力古尔，李玉，2021. 中国菌物药学及其发展前景[J]. 菌物研究，19
　（1）：12-18.

戴玉成，2013. 中国药用真菌图志[M]. 哈尔滨：东北林业大学出版社.

方芳，2007. 食用菌生产大全[M]. 南京：江苏科学技术出版社.

高增平，卢建秋，陈广耀，等，1993. 蝉花中营养成分的研究[J]. 天然产物研究与
　开发（5）：86-90.

耿燕，陆震鸣，史劲松，等，2013. 中国药用真菌资源开发与应用研发[J]. 生物产
　业技术（1）：32-36.

郭秀珍，毕国昌，1989. 林木菌根及应用技术[M]. 北京：中国林业出版社.

贺沛芳，杨怀民，张治家，等，2010. 五台山野生食用菌资源营养价值及展望[J].
　中国食用菌，29（3）：7-9.

黄年来，1993. 中国食用菌百科[M]. 北京：中国农业出版社.

黄年来，林志彬，陈国良，等. 2010. 中国食药用菌学[M]. 上海：上海科学技术文
　献出版社.

李福强，刘盛，朱勇，2016. 松杉灵芝仿野生栽培技术[J]. 吉林林业科技（6）：
　56-59.

李朋员，孙淑玲，谭屏，等，2012. 一种大型真菌展示标本的制作方法[J]. 生物学
　通报（5）：49-50.

李玉，2008. 野生食用菌菌种分离与鉴定[D]. 福州：福建农林大学.

李玉，2021. 后疫情时代中国食用菌产业的可持续发展[J]. 菌物研究，19（1）：
　1-6.

李玉，李太辉，杨祝良，等，2015. 中国大型菌物资源图鉴[M]. 郑州：中原农民出版社.

刘波，1984. 中国药用真菌[M]. 北京：人民卫生出版社.

刘红霞. 2014. 大型真菌ITS鉴定及8种野生蕈菌的驯化研究[D]. 石家庄：河北师范大学.

刘遐，2016. 论蕈菌多元化应用前景[J]. 食药用菌，24（5）：285-289.

刘旭东，2004. 中国野生大型真菌彩色图鉴[M]. 北京：中国林业出版社.

卯晓岚，1998. 中国经济真菌[M]. 北京：科学出版社.

卯晓岚，2006. 中国毒菌物种多样性及其毒素[J]. 菌物学报（3）：345-363.

孟翔鹏，马琳，2009. 食药用真菌的研究进展及其应用前景展望[J]. 中国现代中药，11（10）：7-10.

缪承杜，洪葵，2007. 真菌分类技术的研究进展[J]. 安徽农业科学（22）：362-365.

潘保华，2018. 山西大型真菌野生资源图鉴[M]. 北京：科学技术文献出版社.

谭周进，2012. 食药用菌加工技术[M]. 长沙：湖南科学技术出版社.

图力古尔，2012. 多彩的蘑菇世界——东北亚地区原生态蘑菇图谱[M]. 上海：上海科学普及出版社.

王海燕，张如力，刘秀生，等，2010. 甘肃大型真菌新记录[J]. 西北植物学报（6）：1279-1287.

王惠，代力民，邵国凡，等，2003. 东地区柞树菌根真菌生态分布的研究[J]. 应用生态学报（12）：2149-2152.

王玉青，2009. 香菇种质资源的鉴别及保藏方法的研究[D]. 福州：福建农林大学.

魏景超，1979. 真菌鉴定手册[M]. 上海：上海科学技术出版社.

谢娜，2009. 福建省食用菌种质资源数据库的构建[D]. 福州：福建农林大学.

杨槐俊，郭素萍，张治家，等，2017. 蕈菌与人类健康[M]. 北京：中国农业科学技术出版社.

杨瑞花，刘康乾，2006. 食用菌的保健功能与食疗方[M]. 北京：金盾出版社.

杨祝良，2002. 浅论云南野生蕈菌资源及其利用[J]. 自然资源学报（4）：463-469.

应建浙，臧穆，1994. 西南地区大型经济真菌[M]. 北京：科学出版社.

袁明生，孙佩琼，2007. 中国蕈菌原色图集[M]. 成都：四川科学技术出版社.

袁书钦，周建方，徐赞吉，2002. 平菇栽培技术图说[M]. 郑州：河南科学技术出版社.

张富丽，宁红，张敏，2004. 毒蕈的毒素及毒蕈的开发利用[J]. 云南农业大学学报（3）：283-286，344.

张树庭，1992. 食用蕈菌及其栽培[M]. 保定：河北大学出版社.

张树庭，2013. 蕈菌产业在人类福祉中的贡献[J]. 食药用菌，21（6）：323-325.

周德庆，1993. 微生物学教程[M]. 北京：高等教育出版社.

后 记

俗话说"有钱难买回头看",在《蕈菌功效解析与开发利用》一书编校付印之时，突然有一种言犹未尽的感觉，总觉得应该补充点什么，思来想去，汇总几条，以作后记。

第一，物质是功效的基础，功效是物质的表现形式，有什么样的物质，产生什么样的功效；蕈菌之所以能体现各种各样的功效，正是蕈菌富含多种营养成分及功能活性成分，如蕈菌多糖。

蕈菌功效不仅与所含营养活性成分类型有关，而且与其含量有关，只有达到一定量才能体现功效作用。

除了量效，还有构效关系。物质决定结构、结构决定功效，结构不同，功效不同。蕈菌所含成分复杂，既有营养成分、又有生物活性成分及次生代谢产物；既有单体、也有小分子化合物，但更多的是大分子化合物如多糖、多肽、核酸等。这些大分子化合物不仅分子量大，且结构复杂，从线性结构到平面结构，再到折叠结构以及螺旋状的三维立体结构。蕈菌成分的多样性及结构的复杂性，给蕈菌功效的精准定位和解析带来了一定的难度，导致不少描述不到位或不精准。

第二，中华传统养生理论源于中医中药学，中医中药强调整体和多因素的相互联系，重"辨证"，用哲学思维阐释发病机理，着眼于调治"患病的人"，重视整体效果即整体观念、辨证论治、天人合一，涉及药物的四性、五味、归经、升降浮沉、毒性、功效和配伍关系。

"药食同源"是中华养生保健的物质基础，药食同源、同理、同养、同用是中华传统养生理念的一大特色。"药食同源"是指食物与药物皆属于天然产品，其性能相通。具有同一的形、色、气、味、质等特性。"药食同用""药食同养"是指食物与药物的应用皆由同一理论指导，也就是"药食同理"。中医养生提倡"药补不如食补"。

中医中药从影响机体平衡的角度来看待食品和药品，认为食品和药品一样，都具有调节机体平衡的功能。《黄帝内经太素》一书中写道："空腹食之为食物，患者食之为药物"，即"有病治病，无病强身"，食物疗法寓治于食——在享受食物美味之中，不知不觉达到防病治病的目的。对机体平衡影响大的，正常人不能长期服用，只有生病了才能用，为药品；对机体平衡影响小，正常人也可以长时间食用，为食品。由此诠释的功效面广，表述相对笼统、抽象。

与中华传统养生理念相对应并碰撞的是基于实验的现代科学研究，把食品与药品分开来研究，食品从营养素的角度入手，用于补充营养；药品从药理作用的角度入手，用于治疗疾病。由此诠释的功效面窄，表述相对明确、具体。

为了合规、避嫌、避免不必要的误会，本书在编校的过程中忍痛删减了部分有关蕈菌在药品及保健食品开发利用方面的内容，不妥之处，敬请读者谅解。

只有将中华传统养生理念与现代科学研究有机结合起来，共同指导蕈菌的开发利用，才能促进蕈菌产业的健康发展。

第三，随着人类的进步和科技的发展，随着大健康理念的深入人心，蕈菌的开发利用如火如荼、欣欣向荣，成功案例如雨后春笋、层出不穷。

蕈菌种类繁多、数量庞大，但人们认知的只有冰山一角，大部分或无人问津或尚未被发现。在已知蕈菌中，部分蕈菌营养丰富、味道鲜美，经常食用可强身健体，增强体质；对于未知蕈菌，需要去发现、去揭秘。就已知的蕈菌，仍有大量系统的基础研究工作有待我们去完成，如菌株的筛选鉴定、成分的系统测试、结构的分析鉴定、功效的作用机理探讨及安全性全面评价等。

第四，"民以食为天，食以安为先"。蕈菌营养丰富、用途广泛，但涉及食用，仍需注意以下一些问题。

1. 采食野生蕈菌要有自我保护意识、提高对有毒蕈菌的辨别能力，谨防野生蕈菌中毒；不采食或选购不认识的蕈菌，不采食生长在有污染源环境下的蕈菌；对自己熟悉并确定为无毒的，也不要混杂加工食用；烹制加工时一定要烧熟煮透；食用野生菌时尽量避免饮酒。

2. 选食栽培蕈菌也要进行品种溯源、优化栽培基质及栽培环境，确保生产的蕈菌安全、无毒副作用。

3. 有些蕈菌有过敏原，过敏体质者慎食；有些蕈菌嘌呤成分高，痛风及高尿酸血症患者应少食；有些蕈菌纤维含量高，腹泻者暂不食用，脾胃虚弱、消化不良者慎食或少食。

4. 尽管有些蕈菌营养丰富、味美可口，但也不能无度食用，营养均衡才是健康的基础，不同食物营养特点不同，需要合理搭配才能营养全面。中医食养讲究因时、因人及因体变化。

5. 蕈菌的加工一定要科学、合理、规范。

第五，蕈菌作为食品原料，应侧重关注营养成分，传承中华传统养生文化成果，科学合理利用蕈菌的特点和优势。

蕈菌作为药品原料，应聚焦药用活性成分及功能活性因子，蕈菌成为药品需按照药品研发和注册程序，经过药理、药效、安全性评价及临床等一系列试验，报国家药品审评中心审批，取得国家药品监督管理局颁发的生产批准文号（国药准字），严格按照使用说明书规定，在注册医生的指导下对症用药。

按照国家规定，普通食品不能声称功效，即使是已注册的保健食品也不能扩大宣称功效，更不能代替药品，以免延误患者治疗。

总之，人类在利用蕈菌方面虽然取得不少经验和成果，但仍与人类健康的需要不相适应，亟待规范、创新。

最后，呼吁社会各界关注蕈菌、关心蕈菌事业、共同行动起来，宣传普及蕈菌知识、参与蕈菌资源挖掘、支持蕈菌产业发展；涉蕈企业也要自重、自爱、诚实守信自律、遵法守规，找准位置，依数据说话、凭质量立足，不拐弯、不泛指、不夸大、规范宣传用语、不诱导消费，扬长避短、守正创新，真正把蕈菌的优势和价值发挥出来，以造福人类。

再次对本书所涉文献、图片等资料的原作者表示诚挚的谢意。

中国、白俄罗斯科技人员在白俄罗斯国家科学院微生物研究所合影留念

（前排左一：山西省医药与生命科学研究院杨槐俊二级研究员；左二：白俄罗斯国家科学院院士、微生物研究所所长Emiliya Kalamiyets博士；左三：山西省医药与生命科学研究院郭素萍二级正高级工程师；左四：山西康欣药业有限公司赵金芬正高级工程师）

中国、白俄罗斯两国蕈菌研究人员在一起学术交流

中国、白俄罗斯蕈菌研究人员在白俄罗斯国家科学院微生物研究所合影留念

中国、白俄罗斯蕈菌研究人员在白俄罗斯国家科学院微生物研究所合影留念

在白俄罗斯采集蕈菌

在白俄罗斯森林中采集蕈菌

在俄罗斯森林中采集蕈菌

在俄罗斯莫斯科大学校园旁采到的"马勃"

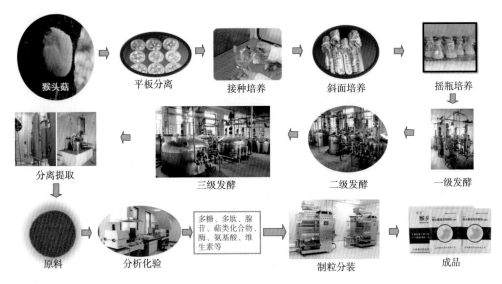

猴头菇深度开发利用工艺流程

蜜环菌、猴头菇及安络小皮伞深度开发利用工艺

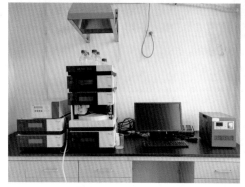

有关蕈菌菌丝液态深层发酵与有效成分提取分离及检测等部分仪器设备展示

作者与山西康欣药业领导在一起（左五为山西康欣药业有限公司董事长李锦萍女士）

蕈菌菌丝液态深层发酵基地